VDE-Schriftenreihe *151*

Der Autor

Dipl.-Ing. **Siegfried Rudnik** hat eine Berufsausbildung als Elektromaschinen-bauer abgeschlossen und anschließend ein Ingenieurstudium der Elektrotechnik absolviert. Nach vielen Jahren als Projektierungsingenieur und Projektleiter im Anlagenbau ist er heute bei der Siemens AG verantwortlich für die nationale und internationale Normungsarbeit zum Thema „Elektrische Sicherheit" und Maschinensicherheit. Als Delegierter des ZVEI – Zentralverband Elektrotechnik- und Elektronikindustrie e. V. wurde er in die internationalen Normengremien IEC TC 44, IEC TC 64 und ISO TC 199 einschließlich ausgewählter Arbeitsgruppen für bestimmte Normen als Experte delegiert. National ist er Mitarbeiter der Arbeitskreise für „Erdungsanlagen und Schutzleiter" (DIN VDE 0100-540) und Ableitströme und Vorsitzender des Arbeitskreises für die Norm „Elektrische Ausrüstung für Maschinen" (DIN EN 60204-1 (VDE 0113-1)). Weiterhin ist er Vorsitzender des Gemeinschaftsarbeitskreises des K 221 und des K 721 für die Normungsarbeit zum Thema „Koordinierung des Potentialausgleichs von Gebäuden" (DIN VDE 0100-444). Im Jahr 2011 verlieh die Internationale Elektrotechnische Kommission (IEC) Siegfried Rudnik den IEC-1906-Award. Mit dem Award-1906 würdigt die IEC besonders aktive technische Experten in den IEC-Gremien.

VDE-Schriftenreihe Normen verständlich

151

Hilfsstromkreise Steuerstromkreise

Erläuterungen zur DIN VDE 0100-557
und DIN EN 60204-1 (VDE 0113-1)
zum Thema Hilfs-, Steuer- und Messstromkreise,
mit Informationen zur elektromagnetischen
Verträglichkeit (EMV) entsprechend
DIN VDE 0100-444

Dipl.-Ing. Siegfried Rudnik

VDE VERLAG GMBH

Auszüge aus DIN-Normen mit VDE-Klassifikation sind für die angemeldete limitierte Auflage wiedergegeben mit Genehmigung 222.013 des DIN Deutsches Institut für Normung e. V. und des VDE Verband der Elektrotechnik Elektronik Informationstechnik e. V. Für weitere Wiedergaben oder Auflagen ist eine gesonderte Genehmigung erforderlich.

Die zusätzlichen Erläuterungen geben die Auffassung der Autoren wieder. Maßgebend für das Anwenden der Normen sind deren Fassungen mit dem neuesten Ausgabedatum, die bei der VDE VERLAG GMBH, Bismarckstraße 33, 10625 Berlin und der Beuth Verlag GmbH, Burggrafenstraße 6, 10787 Berlin erhältlich sind.

Bibliografische Information der Deutschen Nationalbibliothek
Die Deutsche Nationalbibliothek verzeichnet diese Publikation in der Deutschen Nationalbibliografie; detaillierte bibliografische Daten sind im Internet über http://dnb.dnb.de abrufbar.

ISBN 978-3-8007-3535-8
ISSN 0506-6719

Druck: H. Heenemann GmbH & Co. KG, Berlin
Printed in Germany   2013-08

Vorwort

Hilfsstromkreise sind mehr als nur Steuerstromkreise. Hilfsstromkreise sind Steuerungen, Messungen, Regelungen und Überwachungen für Hauptstromkreise (Leistungsstromkreise). Das vorliegende Buch enthält Informationen über die grundlegenden Anforderungen für Hilfsstromkreise. Natürlich können einige Anforderungen der DIN VDE 0100-557 [1] auch von Anforderungen aus den Hauptteilen der DIN VDE 0100 abgeleitet werden. Doch aus der Gesamtheit der DIN VDE 0100-557 ergeben sich spezielle Anforderungen, die nicht in den Hauptteilen explizit festgelegt sind.

Die Hauptanwendung von Hilfsstromkreisen sind natürlich Steuerstromkreise. Da heutige Steuerungen hauptsächlich mit speicherprogrammierbaren Steuerungen realisiert werden, werden einige Anforderungen der DIN VDE 0100-557 immer weniger relevant. Doch bei einfachen Steuerungen werden auch heute noch z. B. Hilfsschütze zur Steuerung von Hauptstromkreisen verwendet, wenn auch nicht mehr in dem Umfang wie noch vor 30 Jahren. Der Aufbau und die hierfür geltenden Anforderungen für Hilfsstromkreise müssen trotzdem für alle Arten von Steuerstromkreisen beherrscht werden. Auch beim Einsatz von speicherprogrammierbaren Steuerungen muss geprüft werden, ob der Aufbau einer solchen Steuerung, einschließlich ihrer Stromversorgung, den Anforderungen der DIN VDE 0100-557 entspricht.

Die Anwendung von diskreten Aufbauten für Messstromkreise, z. B. mithilfe von Strom- oder Spannungswandlern, wird im Zeitalter der Leistungselektronik zumindest in Niederspannungsanlagen immer geringer, weil häufig die Messtechnik Bestandteil der Leistungselektronik geworden ist. Doch wenn Wandlermesstechnik angewandt wird, ist das Wissen über die Anforderungen hierfür notwendig.

Für bestimmte Hilfsstromkreise müssen weitere Anforderungen beachtet werden, z. B. bei Steuerstromkreisen für Not-Aus. Hierfür gibt es andere Normen, die zusätzliche weitere Anforderungen für solche Stromkreise enthalten, z. B. DIN EN ISO 13850 [2] und DIN EN 60204-1 (**VDE 0113-1**) [3].

Tuchenbach   *Siegfried Rudnik*
im Juli 2013

Inhalt

1   Grundsätzliches

Normen und ihr Stellenwert

Viele Aspekte in diesem Buch sind aus Normen abgeleitet. Der gesetzliche Stellenwert einer Norm wird häufig nicht erkannt. Zur Verdeutlichung sollen folgende Angaben dienen.

Eine Regel gilt als anerkannt, wenn Fachleute, die diese Regel anwenden, davon überzeugt sind, dass diese Regel den sicherheitstechnischen Anforderungen entspricht. Die Regel muss in der Praxis erprobt sein. DIN-EN-Normen und DIN-VDE-Normen werden diesem Anspruch gerecht.

Die „anerkannten Regeln der Technik" stellen das Fundament der technischen Erkenntnisse dar, siehe **Bild 1.1**. Die Anwendung von Normen ist vom Grundsatz her freiwillig. Bei Abweichungen von einer Norm muss jedoch die technische Lösung den gleichen oder einen höheren Sicherheitsgrad erreichen. Werden Normen in Verträgen genannt, so ist deren Anwendung vertraglich verpflichtend, und die Nichteinhaltung kann Nachforderungen des Auftraggebers nach sich ziehen.

Bild 1.1 Einstufungen der „anerkannten Regeln der Technik"

Anerkannte Regel der Technik

DIN EN 45020

Technische Festlegung, die von einer Mehrheit repräsentativer Fachleute als Wiedergabe des Stands der Technik angesehen wird.

Anmerkung: Ein normatives Dokument zu einem technischen Gegenstand wird zum Zeitpunkt seiner Annahme als der Ausdruck einer anerkannten Regel der Technik anzusehen sein, wenn es in Zusammenarbeit der betroffenen Interessen durch Umfrage- und Konsensverfahren erzielt wurde.

Stand der Technik

DIN EN 45020

Entwickeltes Stadium der technischen Möglichkeiten zu einem bestimmten Zeitpunkt, soweit Produkte, Prozesse und Dienstleistungen betroffen sind, basierend auf entsprechenden gesicherten Erkenntnissen von Wissenschaft, Technik und Erfahrung.

Stand von Wissenschaft und Technik

Der Stand von Wissenschaft und Technik bezeichnet einen technischen Entwicklungsstand, der wissenschaftlich begründet ist und in Pilotanwendungen sich als technisch durchführbar erwiesen hat. Die zusätzliche Berücksichtigung wird in der Regel nur dort gefordert, wo ein hohes Risiko für Leben und Umwelt besteht, z. B. bei Kernkraftwerken oder in der Medizintechnik.

Was ist normativ? Was ist informativ?

Jede Norm enthält sowohl „normative Elemente" als auch „informative Elemente". Normative Elemente sind verpflichtend, informative Elemente enthalten Zusatz- oder Hintergrundinformationen bzw. Erläuterungen, jedoch keine verpflichtenden Anweisungen. Sie können aber für die richtige Interpretation des normativen Texts hilfreich sein.

Anmerkungen in Normen sind grundsätzlich informativ. Anhänge einer Norm können sowohl normativ als auch informativ sein. In der Überschrift eines jeden Anhangs ist immer angegeben, ob der Inhalt normativ oder informativ ist.

Informative Inhalte einer Norm sind in der Regel Informationen, um normative Anforderungen besser zu verstehen oder um z. B. auf alternative technische Lösungen hinzuweisen. Die Unterscheidung in den Texten, ob normativ oder informativ, erfolgt durch die Verwendung von „modalen Hilfsverben", welche Gebote, Verbote, Erlaubnisse, Möglichkeiten, Empfehlungen und Ermessensspielräume festlegen und eindeutig voneinander abgrenzen. Für die korrekte, aber auch für die pragmatische Anwendung einer Norm ist das Verständnis dieser Sprachregelung wichtig. Diese „modalen Hilfsverben" und ihre Bedeutung sind deshalb auszugsweise in ihrer deutschen und englischen Fassung wiedergegeben (**Tabelle 1.1**, [4]).

Anforderung Bedeutung: Gebot, Verbot, unbedingte Forderung		Requirement sense: prescription, prohibition, strict command	
Verb	gleichbedeutende Ausdrücke	verbal form	equivalent expression
muss	ist zu … ist erforderlich … hat zu …	shall	is to … is required to … has to …
darf nicht darf keine	es ist nicht zulässig/ erlaubt/ gestattet … es ist unzulässig … es ist nicht zu … es hat nicht zu …	shall not	it is not allowed/permitted/ acceptable/permissible … is required to be not … is required that … be not … … is not to be …
Empfehlung Bedeutung: Empfehlung, Richtlinie für Auswahl		**Recommendation** sense: recommendation, guideline giving choice	
Verb	gleichbedeutende Ausdrücke	verbal form	equivalent expression
sollte	ist nach Möglichkeit … es wird empfohlen … ist in der Regel … ist im Allgemeinen …	should	it is recommended that … ought to … it is normally …
sollte nicht	ist nach Möglichkeit nicht … … ist nicht zu empfehlen …	should not	… should be avoided … it is recommended that … not …
Erlaubnis Bedeutung: Erlaubnis, freistellend		**Permission** sense: authorization, leaving freedom	
Verb	gleichbedeutende Ausdrücke	verbal form	equivalent expression
darf	ist zugelassen/erlaubt/ gestattet … ist zulässig …	may	is permitted … is permissible … is allowed …
braucht nicht … zu …	muss nicht … ist nicht nötig … es ist nicht erforderlich …	need not	it is not required that …

Möglichkeit Bedeutung: Fähigkeit (Aussage) Möglichkeit (Verhalten)		Possibility sense: capability (statement) possibility (behaviour)	
Verb	gleichbedeutende Ausdrücke	verbal form	equivalent expression
kann	vermag … (sich) eignen zu … es ist möglich, dass … lässt sich … in der Lage (sein) zu …	can	to be able to … to be in position to … there is a possibility of … it is possible to …
kann nicht	vermag nicht … … lässt sich nicht …	cannot	to be unable to … it is impossible to …

Tabelle 1.1 Übersicht der modalen Hilfsverben (deutsch/englisch)

Im Englischen ist die Verwendung von „may" und „can" nicht immer so eindeutig wie im Deutschen die Verwendung „darf" und „kann". Deswegen ist insbesondere bei der Übersetzung von „may" häufig nur aus dem Sachzusammenhang zu entscheiden, ob im Deutschen die Vokabel „darf" oder „kann" die Bedeutung korrekt wiedergibt.

Jede Norm enthält sowohl „normative Teile" als auch „informative Teile". Normative Teile sind verpflichtend. Der Grad der Verpflichtung wird immer durch modale Hilfsverben beschrieben. Informative Teile enthalten lediglich Zusatz- oder Hintergrundinformationen bzw. Erläuterungen, jedoch keine verpflichtenden Anweisungen. Sie können aber für die richtige Interpretation des normativen Texts sehr hilfreich sein. Dies wird z. B. auch dadurch deutlich, dass in den informativen Teilen modale Hilfsverben für Gebote oder Verbote nicht benutzt werden.

Normativ sind grundsätzlich alle durchnummerierten Abschnitte oder Unterabschnitte. Anmerkungen innerhalb solcher Abschnitte sind grundsätzlich informativ. Anhänge können sowohl normativ als auch informativ sein.

Übergangsfristen von Normen

In jeder DIN-VDE-Norm sind Termine genannt, wie eine europäische Norm in nationalen Normen behandelt werden muss. Die Reihe DIN VDE 0100 z. B. ist eine Umsetzung der in Europa als HD (Harmonisierungsdokument) veröffentlichten Normen der Reihe HD 60364. Im Vorwort einer jeden DIN-VDE-Norm stehen folgende wichtige Termine (**Tabelle 1.2**).

Abkürzung	Begriff	Bedeutung	Anmerkung
doa	date of announcement	Datum der Ankündigung	spätestes Datum, zu dem die EN/HD auf nationaler Ebene angekündigt werden muss
dop	date of publication	Datum der Veröffentlichung	spätestes Datum, zu dem die EN/HD auf nationaler Ebene durch Veröffentlichung einer identischen nationalen Norm oder durch Anerkennung übernommen werden muss
dow	date of withdrawing	Datum der Zurückziehung	spätestes Datum, zu dem nationale Normen, die der EN/HD entgegenstehen, zurückgezogen werden müssen

Tabelle 1.2 Wichtige Termine bei der Handhabung europäischer Normen im nationalen Normenwerk

2 Übersicht der Arten von Stromversorgungen

Die Stromversorgung für einen Hilfsstromkreis ist die Basis eines Hilfsstromkreises. Diese Tatsache wird häufig bei der Planung zuletzt betrachtet, da die Bedürfnisse bzw. Aufgaben, die an einen Hilfsstromkreis gerichtet sind, zuerst im Vordergrund stehen. Kompakte Stromversorgungsmodule mit integrierten Schutzeinrichtungen verleiten dazu, sich keine Gedanken über die Auswahl und die Festlegungen der erforderlichen Art der Stromversorgung zu machen, doch dies kann bei der Inbetriebnahme zu bösen Überraschungen führen.

Grundsätzlich gibt es Anforderungen an die Stromversorgung für einen Hilfsstromkreis, die abhängig von der Versorgungsquelle, deren Erdung und Verwendung gelten. Bei der Auswahl einer bestimmten Stromversorgung müssen unterschiedliche Maßnahmen und Schutzeinrichtungen vorgesehen werden. Grundsätzlich wird bei Stromversorgungen für Hilfsstromkreise zwischen Wechselstrom- (AC) oder Gleichstromversorgung (DC) unterschieden.

2.1 Vom Hauptstromkreis direkt versorgt

Die einfachste und kostengünstigste Stromversorgung eines Hilfsstromkreises ist die direkte Versorgung vom Hauptstromkreis, siehe **Bild 2.1**. Diese Konfiguration benötigt jedoch besondere Schutzmaßnahmen, und die Höhe der Spannung ist immer von der Spannung des Hauptstromkreises abhängig.

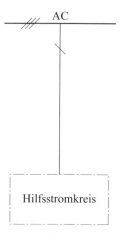

Bild 2.1 AC-Stromversorgung, direkt vom Hauptstromkreis versorgt

14

2.2   Versorgung über einen Transformator

Die klassische Stromversorgung für eine Hilfsstromversorgung ist die Verwendung eines einphasigen Transformators, siehe **Bild 2.2**. Durch diese Methode wird eine vom Hauptstromkreis galvanisch getrennte Stromversorgung erreicht, und die Betriebsspannung des Hilfsstromkreises kann entsprechend den Anforderungen frei gewählt werden.

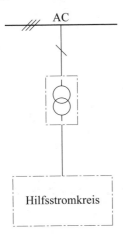

Bild 2.2 AC-Stromversorgung, über einen Transformator versorgt

2.3   Versorgung über einen Transformator mit Gleichrichter

Bei freiprogrammierbaren Steuerungen werden in der Regel kompakte Netzgeräte mit integrierter Gleichrichtung verwendet, siehe **Bild 2.3**. Hersteller von freiprogrammierbaren Steuerungen bieten solche Netzgeräte als Systemteil an. Die Höhe der Spannung ist meistens DC 24 V.

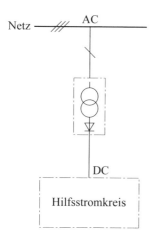

Bild 2.3 DC-Stromversorgung, über einen Transformator mit Gleichrichter versorgt

2.4 Vom Hauptstromkreis über einen Gleichrichter direkt versorgt

Bei Hilfsstromkreisen, die direkt von einem AC-Netz mittels eines Gleichrichters in Brückenschaltung versorgt werden, muss bei der Dimensionierung die für DC festgelegte max. Spannung von 220 V beachtet werden. Eine Stromversorgung, die direkt über einen Gleichrichter von einem Wechselstromnetz als Gleichstromversorgung einen Hilfsstromkreis versorgt, ist heute nicht mehr gebräuchlich, siehe **Bild 2.4**. Der Gleichrichter benötigt eine Überstromschutzeinrichtung, die im Fehlerfall schnell genug abschaltet, um die Halbleiter zu schützen.

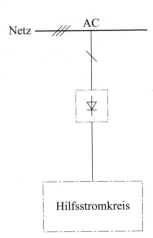

Bild 2.4 DC-Stromversorgung, über einen Gleichrichter direkt vom Hauptstromkreis versorgt

2.5   Von einer Batterie versorgt

Bei Inselbetrieb einer elektrischen Anlage, die unabhängig von einem Netz nur versorgt werden kann, ist dies eine praktikable Lösung, siehe **Bild 2.5**. Ein Ausfall oder eine Unterspannung muss bei der Planung berücksichtigt werden. Solche Art einer Stromversorgung wird häufig bei mobilen leitungslosen Steuerstellen verwendet. Die Batterie wird in der Regel geladen, wenn die Steuerstelle nicht verwendet wird.

Bild 2.5 DC-Stromversorgung einer Batterie

Ist eine Zustandsüberwachung des Hauptstromkreises erforderlich, muss der betreffende Hilfsstromkreis, z. B. mittels einer Batterie, die unabhängig vom Hauptstromkreis wirkt, vorgesehen werden. Wird eine Batterie während des Betriebs gleichzeitig (parallel) auch aufgeladen, müssen Zusatzmaßnahmen zur Spannungsbegrenzung vorgesehen werden, da die Ladespannung gegenüber der Batteriespannung höher ist.

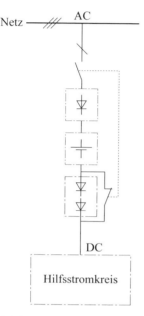

Bild 2.6 DC-Stromversorgung einer Batterie und Gegenzellen beim Ladevorgang

Damit während eines Ladevorgangs der Batterie keine Überspannung im Hilfsstromkreis auftritt, kann die Batteriespannung während des Ladevorgangs mittels Dioden, die in Durchlassrichtung betrieben werden, reduziert werden [5]. Diese Dioden werden auch als Gegenzellen bezeichnet. Zur Spannungsreduzierung werden sie beim Ladevorgang freigeschaltet, siehe **Bild 2.6**. Beim reinen Batteriebetrieb (ohne gleichzeitige Aufladung) werden die Dioden kurzgeschlossen. Siliziumdioden haben einen nahezu stromunabhängigen Spannungsabfall von ca. 0,7 V pro Diode. Deshalb kann durch die Anzahl der in Reihe beschaltenden Dioden die erforderliche Spannungsreduzierung nahezu exakt erreicht werden.

2.6 Versorgt von einem Generator

Wird ein Hilfsstromkreis netzunabhängig von einem AC-Generator versorgt, müssen bei der Planung zusätzlich mögliche Frequenzschwankungen, die durch den Antrieb entstehen können, berücksichtigt werden, siehe **Bild 2.7**. Die Toleranzgrenzen für die Frequenz der im Hilfsstromkreis verwendeten elektrischen Betriebsmittel sind dabei zu beachten.

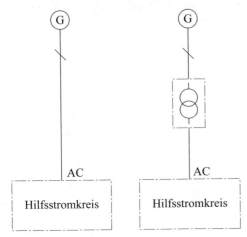

Bild 2.7 AC-Stromversorgung eines Generators

3 Aufbau von Stromversorgungen

Bei der Betrachtung der Anforderungen einer Stromversorgung für einen Hilfsstromkreis gibt es bei näherer Betrachtung viele Detailfragen, die teilweise aus den allgemeinen Anforderungen für Stromversorgungen im Leistungsbereich abgeleitet wurden, aber nicht immer auch für Hilfsstromkreise gelten.

3.1 Grundsätzliches

Kennwerte für Stromversorgungen von Hilfsstromkreisen sind:
- Höhe der Spannung,
- Stromart,
- Erdung.

Die richtige Auswahl der Kennwerte ist immer abhängig von der Nutzung im Zusammenhang mit dem Hauptstromkreis. Die folgenden Kapitel behandeln spezielle Themen für solche Stromversorgungen.

3.1.1 TN-, IT-System?

Grundsätzlich wird die Erdung von Hilfsstromkreisen nicht nach den Regeln der „Systeme nach Art ihrer Erdverbindung" (TN-, IT-System [6]) betrachtet. Der geerdete aktive Leiter der Sekundärseite eines Einphasen-Transformators bei einem Hilfsstromkreis bleibt weiterhin ein aktiver Leiter und wird deshalb nicht als N-Leiter betrachtet und auch nicht so gekennzeichnet. Es gibt bei Hilfsstromkreisen nur die Varianten geerdete oder ungeerdete Hilfsstromversorgung.

Geerdete Hilfsstromversorgung

Bei der Erdung einer Hilfsstromkreisversorgung sollte die Erdung in der Nähe des Transformators vorgenommen werden und entsprechend gekennzeichnet sein. Es empfiehlt sich, die Erdung mittels eines lösbaren Verbindungselements vorzunehmen. So kann im Rahmen einer Fehlersuche bei einem Erdschluss, die Erdverbindung einfach geöffnet werden. In ausgedehnten Anlagen kann es hilfreich sein, mehrere Abzweige, die unabhängig voneinander geerdet sind, aufzubauen. In solchen Fällen kann die Erdverbindung unabhängig von anderen Hilfsstromkreisen geöffnet und gemessen werden.

Ungeerdete Hilfsstromversorgung

Bei einer ungeerdeten Hilfsstromversorgung ist grundsätzlich eine Isolationsüberwachungseinrichtung (IMD) vorzusehen. Bei der Planung muss bewertet werden, ob ein Erdschluss im Hilfsstromkreis zu einer gefährlichen Fehlfunktion im Hauptstromkreis führen kann. In solchen Fällen muss natürlich eine Person das Signal der Isolationsüberwachungseinrichtung registrieren können und entsprechend Maßnahmen ergreifen. Damit sind ungeerdete Hilfsstromkreise nur in überwachten Anlagen sinnvoll. Würde mit dem Signal der Isolationsüberwachungseinrichtung die Anlage automatisch abgeschaltet, sollte man eigentlich eine geerdete Hilfsstromversorgung vorziehen. Ungeerdete Hilfsstromversorgungen sollten nur dort vorgesehen werden, wo im Erdschlussfall kontrolliert noch eine Funktion zu Ende geführt werden muss, bevor (durch eine Person) abgeschaltet wird.

Bei einer Stromversorgung mittels eines Transformators, der auf der Sekundärseite einen vom Hauptstromkreis galvanisch getrennten Stromkreis bildet, wird manchmal gestritten, ob dieser Sekundärstromkreis nach den Systemen nach Art ihrer Erdverbindungen (TN-, TT- oder IT-System) betrachtet werden muss.

In der Regel sind die Sekundärstromkreise von Hilfsstromkreisen einphasige Wechsel- oder Gleichstromkreise. Beide Leiter sind entsprechend DIN VDE 0100-100, Abschnitt 312.1 [6] Strom führende Leiter. Wird einer der Leiter des Sekundärstromkreises geerdet, wird dieser Leiter <u>nicht</u> automatisch zu einem Neutralleiter und die Isolierung des Leiters wird auch nicht blau gekennzeichnet. **Tabelle 3.1** zeigt die Gegensätze bzw. Anforderungen für Haupt- und Hilfsstromkreise.

In einem ungeerdeten Hauptstromkreis (IT-System) führt ein zweiter Fehler im selben aktiven Leiter zu keiner Fehlfunktion oder elektrischen Gefährdung. Ein zweiter Erdfehler in einem anderen aktiven Leiter muss mittels einer Überstromschutzeinrichtung in der relevanten Zeit abgeschaltet werden (spannungsabhängig).

In einem ungeerdeten Hilfsstromkreis kann ein zweiter Erdfehler im selben aktiven Leiter, z. B. innerhalb der Steuerung, unbemerkt von der Überstromschutzeinrichtung zu einer Fehlfunktion führen, siehe **Bild 3.1**. Ein zweiter Erdfehler im anderen aktiven Leiter muss mittels einer Überstromschutzeinrichtung in der relevanten Zeit abgeschaltet werden.

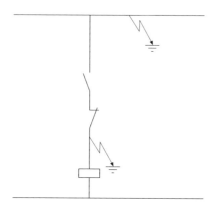

Bild 3.1 Doppelerdschluss in einem Steuerstromkreis

Erdungskonzept	Hauptstromkreis	Hilfsstromkreis
Stromquelle wird geerdet	sekundärseitiger Sternpunkt wird geerdet	sekundärseitig wird ein aktiver Leiter geerdet
	geerdeter Sternpunkt wird als PEN- oder PE- + N-Leiter verteilt	geerdeter aktiver Leiter wird verteilt
	(TN-System)	
Verbraucheranlage wird geerdet	Hauptstromkreis wird nicht geerdet	Sekundärseite wird nicht geerdet
	Verbraucher werden einzeln oder in Gruppen geerdet	Verbraucher werden ggf. geerdet
	(IT-System)	Isolationsüberwachung mit Personenaufsicht erforderlich
	keine Maßnahme erforderlich	Maßnahme erforderlich
	erster Isolationsfehler erzeugt keine Gefahr eines elektrischen Schlags	erster Isolationsfehler kann Fehlfunktionen auslösen

Tabelle 3.1 Gegenüberstellung der Stromkreise nach Arten der Erdverbindung

3.1.2 Mögliche Isolationsfehler

In einem geerdeten Hilfsstromkreis

In einem geerdeten Hilfsstromkreis löst bei einem Kurzschluss zwischen den beiden aktiven Leitern *1* die Kurzschlussschutzeinrichtung aus. Ebenso, wenn der geschützte aktive Leiter einen Isolationsfehler aufweist *2*. Tritt dagegen im geerdeten aktiven Leiter *3* eine Isolationsfehler auf, führt dies nicht zu einer Abschaltung, siehe **Bild 3.2** und **Tabelle 3.2**, er bleibt unbemerkt.

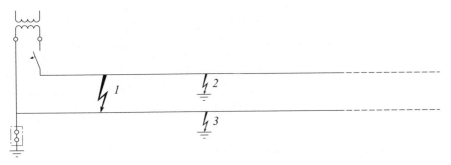

Bild 3.2 Mögliche Isolationsfehler

Fehlerfall	Fehlerstelle	Auslösung
1	zwischen den aktiven Leitern (Querschluss)	ja
2	zwischen geschütztem Leiter (Schaltleiter*) und Erde	ja
3	zwischen geerdetem Leiter (gemeinsamer Leiter*) und Erde	nein
*) Begriffe aus der DIN EN 60204-1 (**VDE 0113-1**) [3] für kontaktbehaftete Steuerungen		

Tabelle 3.2 Auslösung der Kurzschlussschutzeinrichtung im Fehlerfall

In einem ungeerdeten Hilfsstromkreis

In ungeerdeten Hilfsstromkreisen löst bei einem Kurzschluss zwischen den beiden aktiven Leitern *1* die Kurzschlussschutzeinrichtung aus. Tritt dagegen in einem der (ungeerdeten) aktiven Leiter *2* oder *3* ein Isolationsfehler auf, führt dies nicht zu einer Abschaltung durch die Kurzschlussschutzeinrichtung (**Bild 3.3** und **Tabelle 3.3**), die erforderliche Isolationsüberwachungseinrichtung erkennt jedoch den Isolationsfehler.

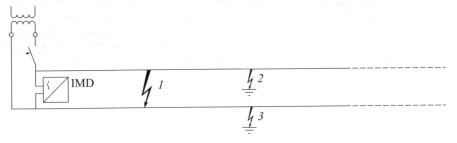

Bild 3.3 Mögliche Isolationsfehler

Fehlerfall	Fehlerstelle	Auslösung
1	zwischen aktiven Leitern (Querschluss)	ja
2	zwischen geschütztem Leiter (Schaltleiter*) und Erde	nein
3	zwischen ungeschütztem Leiter (gemeinsamer Leiter*) und Erde	nein
*) Begriffe aus der DIN EN 60204-1 (**VDE 0113-1**) [3] für kontaktbehaftete Steuerungen		

Tabelle 3.3 Auslösung der Kurzschlussschutzeinrichtung im Fehlerfall

3.1.3 Überstromschutz erforderlich?

Ein Schutz bei Überstrom ist eigentlich nicht notwendig, da in der Regel von allen in einem Hilfsstromkreis eingesetzten elektrischen Betriebsmitteln der Einschalt- und Beharrungsstrom bekannt ist. Bei richtiger Dimensionierung des Hilfsstromkreises kann dieser somit nicht überlastet werden. Deshalb wurde in der Ausgabe von 2007-06 der DIN VDE 0100-557 auch kein Schutz bei Überstrom gefordert. Natürlich ist ein Kurzschlussschutz immer erforderlich.

Da jedoch Schutzeinrichtungen, wie Sicherungen, Leitungsschutzschalter oder Leistungsschalter, in der Regel neben dem Kurzschlussschutz (magnetischer Schnellauslöser) grundsätzlich auch über einen Überlastschutz (Bimetall) verfügen, stellt sich eigentlich diese Frage nicht, ob auf einen Überstromschutz verzichtet werden kann, er wird praktisch immer mitgeliefert.

3.1.4 Schutzeinrichtung ein- oder zweipolig?

Egal, ob der Hilfsstromkreis geerdet oder ungeerdet betrieben wird, eine einpolige Schutzeinrichtung reicht zum Schutz bei Kurzschluss und zum Schutz gegen elektrischen Schlag bei Spannungen > AC 50 V/DC 120 V aus. Eine allpolige (zweipolig) Abschaltung der Stromversorgung für einen Hilfsstromkreis wird häufig zur galvanischen Trennung von Gruppen vorgesehen, um z. B. einen Isolationsfehler eingrenzen zu können. Entsprechend DIN VDE 0100-557 [1] als auch DIN EN 60204-1 (**VDE 0113-1**) [3] ist eine zweipolige Schutzeinrichtung nicht erforderlich.

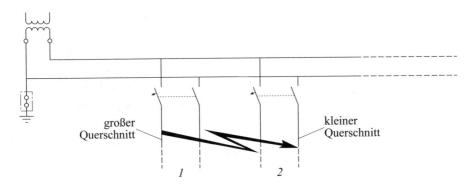

Bild 3.4 Zweipolige Kurzschlussschutzeinrichtung bei Mehrfachverteilung

Werden jedoch in den einzelnen Hilfsstromkreisen unterschiedliche Querschnitte verwendet, ist eine zweipolige Schutzeinrichtung unbedingt erforderlich, da bei einem Kurzschluss zwischen zwei Leitungen von unterschiedlichen Stromkreisen mit unterschiedlichen Querschnitten ein anderer Kurzschlussschutz erforderlich ist, siehe **Bild 3.4**. Dies gilt sowohl für geerdete als auch für ungeerdete Hilfsstromkreise (DIN EN 60204-1 (**VDE 0113-1**) [3]).

3.1.5   Schutz auf der Primär- oder Sekundärseite

Überstromschutzeinrichtungen für Hilfsstromkreise werden in der Regel auf die Belange des Hilfsstromkreises dimensioniert und auf der Sekundärseite des Transformators angeordnet.

Es besteht auch die Möglichkeit, den Transformator und gleichzeitig den Hilfsstromkreis auf der Sekundärseite nur durch eine primärseitig angeordnete Überstromschutzeinrichtung gemeinsam zu schützen, siehe **Bild 3.5**. Doch bei der Auswahl der Schutzeinrichtung (Nennstrom, Auslösecharakteristik) sollten die Empfehlungen des Transformatorherstellers unbedingt beachtet werden, siehe auch Kapitel 3.1.6.

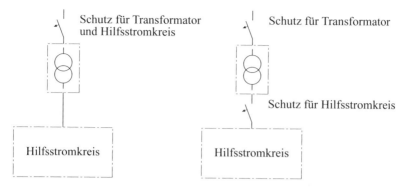

Bild 3.5 Primär- oder sekundärseitiger Schutz für den Hilfsstromkreis

3.1.6   Abschaltzeiten

Werden Hilfsstromkreise mit einer Spannung von > AC 50 V oder DC 120 V versorgt und elektrische Betriebsmittel mit der Schutzklasse I (Gehäuse besteht aus einem leitenden Material), z. B. Endschalter, Messumformer usw., müssen die Körper (Gehäuse) des Betriebsmittels mit dem Schutzleiter des Hilfsstromkreises verbunden werden, siehe **Bild 3.6**. Betriebsmittel der Schutzklasse II dürfen nicht mit dem Schutzleiter verbunden werden.

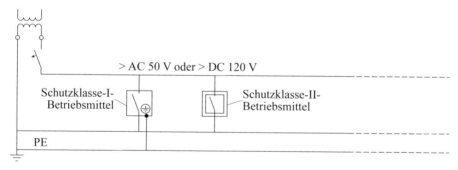

Bild 3.6 Schutzleiterverbindung bei Verwendung eines Transformators

Die Abschaltzeiten der Überstromschutzeinrichtung für den Hauptstromkreis gelten auch für den Hilfsstromkreis, der direkt vom Hauptstromkreis versorgt wird, siehe **Bild 3.7**.

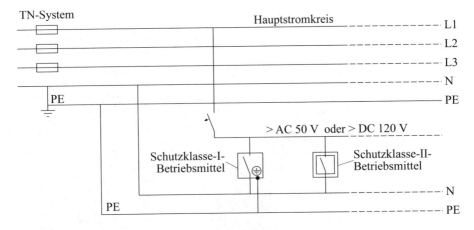

Bild 3.7 Schutzleiterverbindung bei direkter Versorgung vom Hauptstromkreis

Abschaltzeiten von Leitungsschutzschaltern (LS-Schalter)

Die Verwendung von LS-Schaltern (LS – Leitungsschutz) als Schutzeinrichtung in Hilfsstromkreisen ist heute die gebräuchlichste Methode. Die Dimensionierung des LS-Schalters (Bemessungsstrom, Auslösecharakteristik, siehe **Tabelle 3.4** und **Bild 3.8**) ist abhängig vom verwendeten Leiterquerschnitt, der Verlegart und Häufung (z. B. im Kabelkanal) sowie der Umgebungstemperatur.

Auslösecharakteristik	Elektromagnetischer Auslöser		
	muss eingeschaltet bleiben (Halten)	muss spätestens auslösen	Auslösezeit in s
A	$2 \cdot I_n$		$\geq 0{,}1$
		$3 \cdot I_n$	$< 0{,}1$
B	$3 \cdot I_n$		$\geq 0{,}1$
		$5 \cdot I_n$	$< 0{,}1$
C	$5 \cdot I_n$		$\geq 0{,}1$
		$10 \cdot I_n$	$< 0{,}1$
D	$10 \cdot I_n$		$\geq 0{,}1$
		$20 \cdot I_n$	$< 0{,}1$

Tabelle 3.4 Auslösezeiten von LS-Schaltern entsprechend ihrer Auslösecharakteristik

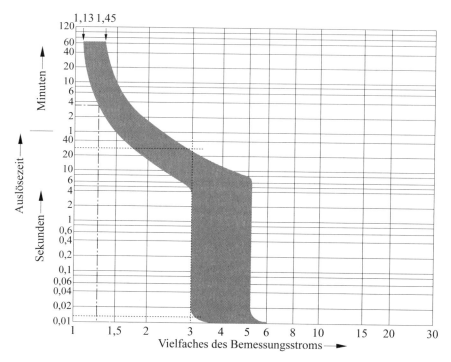

Bild 3.8 Kennlinie eines LS-Schalters vom Typ B

Umgebungstemperatur beachten

In Schaltschränken mit einer elektrischen Ausrüstung für Maschinen darf z. B. die Umgebungstemperatur 40 °C betragen. Bei der Dimensionierung eines Leitungsschutzschalters muss deshalb ein Korrekturfaktor in Abhängigkeit der Umgebungstemperatur berücksichtigt werden. **Bild 3.9** zeigt die Abhängigkeit des Bemessungsstroms eines LS-Schalters mit der Umgebungstemperatur. Entsprechend dieser Kurve müsste bei 40 °C der Bemessungsstrom des LS-Schalters um 8 % reduziert werden. Da jedoch in der Regel der max. mögliche Strom einer Stromversorgung bei der Dimensionierung eines Hilfsstromkreises nicht zu 100 % ausgenutzt wird, ist eine Dimensionierung in Abhängigkeit der Umgebungstemperatur für gewöhnlich nicht erforderlich. Der Planer sollte aber wissen, dass Temperaturgrenzen zu beachten sind.

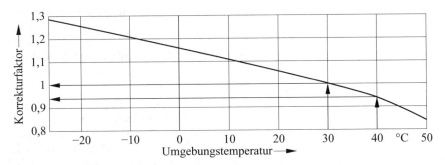

Bild 3.9 Korrekturfaktor zur Reduzierung des Bemessungsstroms in Abhängigkeit der Umgebungstemperatur für LS-Schalter (Quelle: Siemens AG)

Abschaltzeiten in Abhängigkeit der Spannung

Für geerdete Hilfsstromkreise gelten die Abschaltzeiten entsprechend DIN VDE 0100-410 [7], die sich nach der Höhe der Versorgungsspannung und der Stromart richten (**Tabelle 3.5** und **Tabelle 3.6**).

AC (50/60 Hz)		
Spannungsbereich	**Abschaltzeit**	**Zusatz**
≤ 50 V	keine Abschaltung gefordert	Abschaltung kann aus anderen Gründen als gegen elektrischen Schlag notwendig sein
> 50 V … 120 V	0,8 s	
> 120 V … 230 V	0,4 s	

Tabelle 3.5 Abschaltzeiten bei einer Wechselspannung

DC		
Spannungsbereich	**Abschaltzeit**	**Zusatz**
≤ 120 V	keine Abschaltung gefordert	Abschaltung kann aus anderen Gründen als gegen elektrischen Schlag notwendig sein
> 120 V … 230 V	5 s	

Tabelle 3.6 Abschaltzeiten bei einer Gleichspannung

Die erforderliche Abschaltzeit muss durch die Überstromschutzeinrichtung nach dem Transformator oder durch die Überstromschutzeinrichtung vor dem Transformator, wenn diese Schutzeinrichtung sowohl für den Schutz des Transformators als auch für den Schutz des sekundären Stromkreises verantwortlich ist, gewährleistet werden.

Bei der Auswahl des Transformators ist darauf zu achten, dass die für eine Auslösung benötigte Kurzschlussleistung im Fehlerfall ausreichend ist, damit die Schutzeinrichtung auf der Sekundärseite in der erforderlichen Zeit abschalten kann.

Soll die primärseitige Überstromschutzeinrichtung neben dem Schutz des Transformators auch den Schutz gegen elektrischen Schlag auf der Sekundärseite übernehmen, so muss die Kombination „primärseitige Überstromschutzeinrichtung" – Transformator so dimensioniert werden, dass die sekundärseitig notwendige Abschaltzeit erreicht wird.

3.1.7 Maximale Wechselspannung

Die max. Höhe der Versorgungsspannung für Hilfsstromkreise ist auf 230 V bei 50 Hz und auf 277 V bei 60 Hz begrenzt. Die Spannungshöhe bei 60 Hz ist eine lineare Hochrechnung der Spannung um das Verhältnis zwischen 50 Hz und 60 Hz, siehe **Bild 3.10**. Der Grund dafür ist die Annahme, dass bei einer Frequenzerhöhung bei induktiven Verbrauchern (z. B. Schützspulen) die Spannung um das Verhältnis 50/60 zu erhöhen ist, um den Wirkstrom, der für die Funktion maßgeblich ist, wegen des erhöhten Blindstromanteils durch die angehobene Spannung annähernd ausgeglichen wird, damit der Wirkstrom weiterhin erreicht wird.

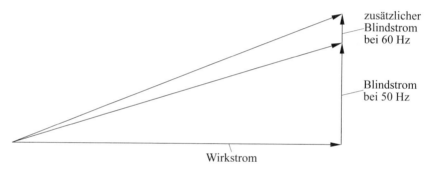

Bild 3.10 Frequenzabhängige max. Spannung für Hilfsstromkreise

Formel für eine Impedanzberechnung:

$$Z = R + j\omega \cdot L,$$
$$Z = R + j2 \cdot \pi \cdot f \cdot L. \tag{3.1}$$

Da die Frequenzerhöhung als Faktor einen direkten Einfluss auf die Höhe der Impedanz hat (siehe Gl. (3.1)), kann diese Annahme als annähernd ausreichend betrachtet werden. Natürlich sind die Verhältnisse nicht linear, aber diese grobe Anpassung erfüllt ihren Zweck.

Ob ein Hilfsstromkreis, der für eine 230-V/50-Hz-Stromversorgung projektiert wurde, ohne weitere Maßnahmen an eine 277-V/60-Hz-Stromversorgung angeschlossen werden kann, ist jedoch unwahrscheinlich. Die Spannung von 230 V bzw. 277 V sollte deshalb auch nur als Grenze für die Spannungshöhe einer Hilfsstromkreisversorgung angesehen werden.

Spannungstoleranzen

Elektrische Betriebsmittel von Hilfsstromkreisen müssen innerhalb der Grenzen von 85 % und 110 % der Bemessungsspannung bei fließendem Steuerstrom fehlerfrei funktionieren [8].

3.1.8 Auswahl von LS-Schaltern bei hohen Impedanzen

LS-Schalter mit der Auslösecharakteristik B sind für Hilfsstromkreise mit einer hohen Impedanz in der Regel als Schutzeinrichtung nicht geeignet. Sind Leitungen innerhalb von Hilfsstromkreisen besonders lang, so kann es aufgrund der Schleifenimpedanz zu keiner Auslösung im Kurzschlussfall kommen. In solchen Fällen ist eine Kurzschlussschutzeinrichtung mit kürzeren Abschaltzeiten notwendig. LS-Schalter vom Typ A (Siemens) oder Typ Z (ABB) haben sehr kurze Auslösestromwerte und können somit ausgedehnte Anlagen von Hilfsstromkreisen schützen, siehe **Bild 3.11**.

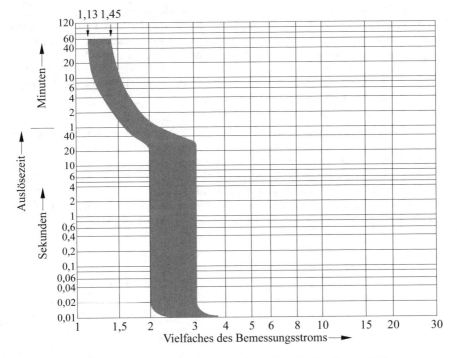

Bild 3.11 Leitungsschutzschalter mit der Auslösecharakteristik A (Quelle: Siemens AG)

Für AC-Anwendungen	LS-Charakteristik B	LS-Charakteristik A	LS-Charakteristik Z
kleiner Prüfstrom	$1{,}13 \cdot I_n$	$1{,}13 \cdot I_n$	$1{,}05 \cdot I_n$
großer Prüfstrom	$1{,}45 \cdot I_n$	$1{,}45 \cdot I_n$	$1{,}2 \cdot I_n$
Haltestrom	$3 \cdot I_n$	$2 \cdot I_n$	$2 \cdot I_n$
Auslösestrom	$5 \cdot I_n$	$3 \cdot I_n$	$3 \cdot I_n$

Tabelle 3.7 Gegenüberstellung der LS-Charakteristik B mit A und Z bei AC-Anwendung

Die Z-Kennlinie hat gegenüber der A-Kennlinie beim „kleinen Prüfstrom" einen Faktor von $1{,}05 \cdot I_n$ und beim „großen Prüfstrom einen Faktor von $1{,}2 \cdot I_n$. Sowohl der Haltestrom ($2 \cdot I_n$,) als auch der Auslösestrom ($3 \cdot I_n$) ist bei beiden Charakteristiken (A und Z) gleich, siehe **Tabelle 3.7** [9].

LS-Schalter mit A- oder Z-Charakteristik wurden auch für den Schutz von Halbleitern und als Schutz für Messkreise mit Wandlern entwickelt.

3.1.9   AC- oder DC-Stromversorgung?

Bei langen Zuleitungen, z. B. zu einer Schützspule oder einem Magnetventil, kann die Verwendung einer Wechselspannung zu Fehlfunktionen führen. Leitungen haben eine Kapazität. Wird diese Kapazität aufgeladen, kann die gespeicherte kapazitive Energie trotz abgeschalteter Steuerspannung sowohl eine Schützspule als auch ein Magnetventil für einen bestimmten Zeitraum noch weiter versorgen. Ein Abschaltbefehl kann somit nur verzögert ausgeführt werden. In solchen Fällen ist die Nutzung einer Gleichstromversorgung die bessere Wahl.

In Anlagen mit einem hohen Automatisierungsgrad, die in einer geschützten Umgebung (z. B. in einer Fertigungs- oder Maschinenhalle) betrieben werden, ist heute eine DC-24-V-Steuerspannung üblich, insbesondere in Verbindung mit einer freiprogrammierbaren Steuerung. Komplette Stromversorgungseinheiten, die sogar über ein kurzzeitiges Puffervermögen bei Spannungseinbrüchen verfügen, sind katalogmäßig von Herstellern auswählbar zu beziehen. Bei umfangreichen Anlagen mit einem hohen Strombedarf, z. B. 40 A, werden heutzutage dreiphasige Netzgeräte zur Bildung einer einphasigen Steuerspannung verwendet, siehe **Bild 3.12**.

Bild 3.12 Kompakte Stromversorgungseinheit (Quelle: Siemens AG)

Von den Herstellern werden für Sekundärstromkreise spezielle Überstrom- und Kurzschlussschutzeinrichtungen angeboten, siehe **Bild 3.13** und **Bild 3.14**.

Bild 3.13 Diagnosemodul zur Aufteilung des Laststroms (Quelle: Siemens AG)

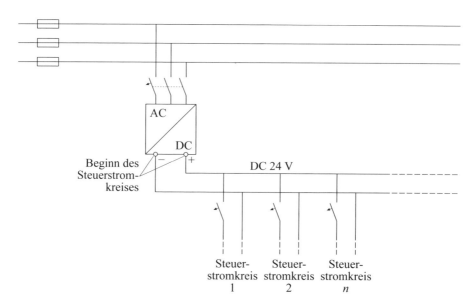

Bild 3.14 Drehstromnetzgerät für die Stromversorgung von Steuerstromkreisen

Bei solchen primär getakteten Netzgeräten ist die Ausgangsseite in der Regel potentialfrei (ungeerdet) und kurzschluss- und leerlauffest. Ob die Steuerspannung geerdet werden muss oder ungeerdet betrieben werden soll, ist abhängig vom Verwendungszweck. Bei freiprogrammierbaren Steuerungen werden normalerweise die Steuerstromkreise automatisch auf Erdschluss überwacht.

3.1.10   Umweltbedingungen bestimmen Spannungshöhe und Stromart

Werden kontaktbehaftete Betriebsmittel von Steuerstromkreisen in einer Atmosphäre mit wechselnden Temperaturen und Feuchtigkeit betrieben, kann sich an den Kontaktflächen eine Oxidschicht bilden. Bei den üblichen niedrigen Strömen und bei einer zu niedrig gewählten Spannung kann es beim Kontaktieren zu Problemen führen. Eine Spannung von 24 V kann manchmal zu niedrig sein. Erfahrungen haben gezeigt, dass in „Außenanlagen" bei einer Spannung von 48 V eine zuverlässige Kontaktsicherheit gegeben ist.

3.1.11   ELV-Spannung (extra low-voltage)

Muss oder kann aufgrund der Art und Verwendung eines Hilfsstromkreises in einer elektrischen Anlage nur eine niedrige Spannung vorgesehen werden, müssen die Rahmenbedingungen für solche Spannungen betrachtet werden. So kann eine ELV

34

(Kleinspannung) als Fehlerschutz (FELV) oder als Fehler- und Basisschutz (SELV, PELV) verwendet werden, siehe **Bild 3.15**.

IEV 826-12-30

ELV: Spannung, die in IEC 60449 für den Spannungsbereich I festgelegten Spannungsgrenzwerte nicht überschreitet.
Anmerkung: ELV ist die Abkürzung für eine besonders niedrige Spannung.

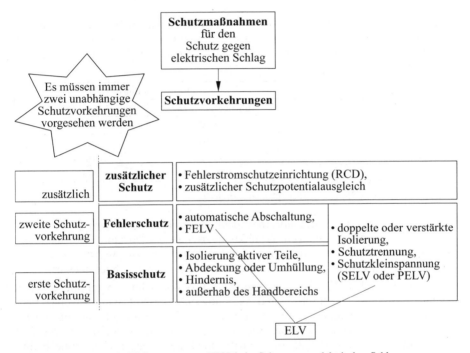

Bild 3.15 Einordnung der Kleinspannungen (ELV) beim Schutz gegen elektrischen Schlag

Bei Spannungen ≤ AC 50 V bzw. ≤ DC 120 V spricht man von einer Kleinspannung, abgekürzt ELV (extra low-voltage). In der internationalen Norm IEC 60449 [10] werden die Spannungen in ihrer Höhe in Abhängigkeit ihrer Verwendung in zwei Bereiche aufgeteilt, siehe **Tabelle 3.8**. Dabei enthält der Spannungsbereich I die Spannungsgrenzen für ELV und der Spannungsbereich II die Spannungen oberhalb vom Spannungsbereich I bis AC 1 000 V und DC 1 500 V.

Spannungsbereich I	Spannungsbereich II
Spannung, bei der der Schutz gegen elektrischen Schlag durch die Höhe der Spannung unter bestimmten Bedingungen erreicht wird. Anwendungen sind z. B. Telekommunikations- anlagen, Signalanlagen, Klingelanlagen, Steuerungs- und Alarm-/Meldestromkreise.	Spannungen für die Versorgung von Haushalten, industrielle Anlagen. Spannungsbereich II deckt auch die Spannungen von Verteilersystemen ab.

Tabelle 3.8 Spannungsbereiche

Spannungsbereich I legt die unter normalen Umständen ungefährlichen Spannungs-grenzen fest. Spannungsbereich II legt die Spannung der allgemeinen Stromver-sorgung einschließlich Verteilerstromkreise der öffentlichen Energieversorger fest, siehe **Tabelle 3.9**.

Stromart	Spannungsbereich	Nennspannung in V	
		Außenleiter – Erde	**Außenleiter – Außenleiter**
AC	I	> 0 bis 50	> 0 bis 50
	II	> 50 bis 600	> 50 bis 1000
DC	I	> 0 bis 120	> 0 bis 120
	II	> 120 bis 900	> 120 bis 1500

Tabelle 3.9 Maximale Spannungen der Spannungsbereiche

Der Spannungsbereich I legt nur eine Spannungsgrenze fest, unterhalb dieser mit abgeschwächten Maßnahmen ein Stromkreis errichtet werden kann. Eine Spannung des Spannungsbereichs I ist für sich allein noch keine Schutzmaßnahme, was häufig falsch ausgelegt wird und mit PELV- oder SELV-Systemen gleichgesetzt wird.

Spannungsbereich I (ELV) sagt jedoch nur, dass der Schutz gegen elektrischen Schlag im Allgemeinen durch einen Basisschutz sichergestellt ist und auf einen Feh-lerschutz möglicherweise verzichtet werden kann. Weiterhin gilt, dass unter Um-ständen der Basisschutz durch die Begrenzung der Spannung allein sichergestellt werden kann. Für welche Fälle dies zutrifft und unter welchen Umgebungsbedin-gungen wird nicht ausgesagt. Dies muss vom Normensetzer der jeweiligen Produkt-norm beurteilt werden.

Schutzmaßnahmen in Abhängigkeit des versorgenden Transformators

In Abhängigkeit des vorgesehenen Transformators müssen unterschiedliche Schutz-maßnahmen berücksichtigt werden. **Bild 3.16** zeigt mögliche Stromversorgungskon-figurationen und deren Schutzmaßnahmen (symbolisch).

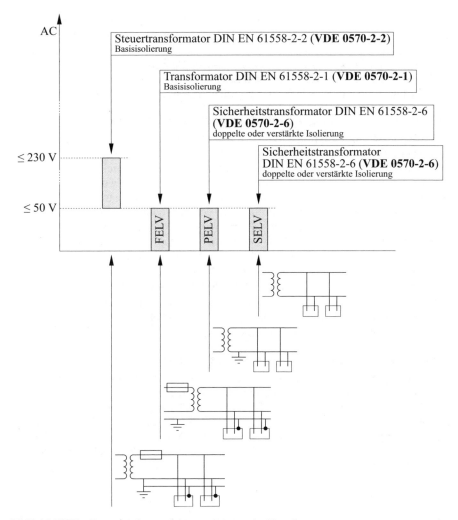

Bild 3.16 ELV im Zusammenhang mit dem zu versorgenden Transformator

Versorgung mit einem Steuertransformator

Steuertransformatoren entsprechend DIN EN 61558-2-2 (**VDE 0570-2-2**) [11] dürfen sekundärseitig eine Spannung zwischen 50 V und 1000 V aufweisen. Doch ist die Möglichkeit einer Steuerspannung von AC 230 V begrenzt. Die Isolierung zwischen der Primär- und Sekundärwicklung hat nur eine Basisisolierung (Basisschutz). Der Sekundärkreis wird in der Regel geerdet und mit einem Schutzleiter verbunden. Die

37

Abschaltzeiten im Fehlerfall müssen durch die sekundärseitige (oder primärseitige) Überstromschutzeinrichtung in Abhängigkeit der Spannungshöhe sichergestellt werden (Fehlerschutz). Bei z. B. AC 230 V muss im Fehlerfall innerhalb von 0,4 s abgeschaltet werden. Dies gilt natürlich bei elektrischen Betriebsmitteln der Schutzklasse I. Elektrische Betriebsmittel der Schutzklasse II haben sowohl einen Basis- als auch einen Fehlerschutz und brauchen deshalb nicht mit dem Schutzleiter verbunden werden.

Funktionskleinspannung (FELV – functional extra low-voltage)

Beim Fehlerschutz Funktionskleinspannung (FELV) wird der Sekundärstromkreis von einem Transformator entsprechend DIN EN 61558-2-1 (**VDE 0570-2-1**) [12] versorgt. Die Isolierung zwischen der Primär- und Sekundärwicklung hat nur eine Basisisolierung (Basisschutz) und die sekundärseitige Spannung darf max. AC 50 V betragen. Im Sekundärkreis muss der Schutzleiter des Primärstromkreises verteilt und an den elektrischen Betriebsmitteln mit der Schutzklasse I angeschlossen werden. Der Fehlerschutz erfolgt durch die primärseitige Überstromschutzeinrichtung, wobei die Abschaltzeit im Fehlerfall durch die Höhe der Spannung auf der Primärseite bestimmt wird. Der Begriff „Funktion" beim FELV steht in keiner Beziehung mit der Funktion einer Steuerung, sondern bezieht sich auf den Fehlerschutz, der durch eine „Funktion" (Abschaltung im Fehlerfall) realisiert wird.

Schaltnetzteile weisen häufig nur einen Basisschutz auf und benötigen deshalb auch bei Sekundärspannungen < AC 50 V/DC 120 V einen Schutzleiter für Schutzklasse-I-Betriebsmittel im Sekundärstromkreis.

Schutzkleinspannung (PELV – protective extra low-voltage)

Eine Schutzkleinspannung enthält sowohl den Basis- als auch den Fehlerschutz, siehe Bild 3.16. Als Transformator darf nur ein Sicherheitstransformator entsprechend DIN EN 61558-2-6 (**VDE 0570-2-6**) [13] verwendet werden. Die Spannung ist auf AC 50 V begrenzt und die Isolierung zwischen der Primär- und Sekundärwicklung hat eine doppelte bzw. verstärkte Isolierung. Der Sekundärstromkreis darf geerdet werden. Bei Spannungen von > AC 25 V/DC 60 V muss ein Basisschutz (Isolierung) vorgesehen werden.

IEV 826-12-32

PELV: Elektrisches System, in dem die Spannung die Grenzwerte für Kleinspannung (ELV) nicht überschreitet:

- *unter üblichen Bedingungen und*
- *unter Einzelfehlerbedingungen, ausgenommen bei Erdschlüssen in anderen elektrischen Stromkreisen.*

Anmerkung: PELV ist die Abkürzung für Funktionskleinspannung mit sicherer Trennung.

Sicherheitskleinspannung (SELV – safety extra low-voltage)

Eine Sicherheitskleinspannung enthält sowohl den Basis- als auch den Fehlerschutz, siehe Bild 3.16. Als Transformator darf nur ein Sicherheitstransformator entsprechend DIN EN 61558-2-6 (**VDE 0570-2-6**) [13] verwendet werden. Die Spannung ist auf AC 50 V begrenzt und die Isolierung zwischen der Primär- und Sekundärwicklung hat eine doppelte bzw. verstärkte Isolierung. Der Sekundärstromkreis darf nicht geerdet werden.

IEV 826-12-31

SELV: Elektrisches System, in dem die Spannung die Grenzwerte für Kleinspannung (ELV) nicht überschreitet:

- *unter üblichen Bedingungen und*
- *unter Einzelfehlerbedingungen, auch bei Erdschlüssen in anderen Stromkreisen.*

Anmerkung: SELV ist die Abkürzung für Sicherheitskleinspannung in einem nicht geerdeten System.

Arten von Transformatoren

Es gibt eine Vielzahl von Transformatoren, deren Aufbau und Funktionen durch Normen festgelegt ist. Welche Transformatoren für welche Anwendung verwendet werden dürfen sind in Normen für elektrische Betriebsmittel oder in Errichtungsnormen festgelegt.

Die Unterscheidung der Transformatoren kann mittels der nachfolgenden Begriffserklärungen aus den betreffenden Produktnormen dargestellt werden:

Netztransformator

DIN EN 61558-1 (**VDE 0570-1**):2006-07, Abschnitt 3.1.4 [12]
Transformator mit einer oder mehreren Eingangswicklung(en), die von der (den) Ausgangswicklung(en) mindestens durch Basisisolierung getrennt ist (sind).

Steuertransformator

DIN EN 61558-2-2 (**VDE 0570-2-2**):2007-11, Abschnitt 3.1.101 [11]
Netztransformator, der für die Versorgung von Steuerstromkreisen vorgesehen ist (z. B. Steuerung, Meldung, Verriegelung usw.).

Trenntransformator

DIN EN 61558-1 (**VDE 0570-1**):2006-07, Abschnitt 3.1.2 [12]

Transformator mit Schutztrennung zwischen Eingangs- und Ausgangswicklung(en).

Sicherheitstransformator

DIN EN 61558-1 (**VDE 0570-1**):2006-07, Abschnitt 3.1.3 [12]

Trenntransformator zur Versorgung von PELV- und SELV-Stromkreisen.

Nicht-kurzschlussfester Transformator

DIN EN 61558-1 (**VDE 0570-1**):2006-07, Abschnitt 3.1.10 [12]

Transformator, bei dem vorgesehen ist, dass er gegen übermäßige Temperatur durch eine Schutzeinrichtung geschützt wird, die nicht mit dem Transformator geliefert wird, aber auf ihm angegeben ist, und der nach dem Entfernen der Überlast oder des Kurzschlusses sowie ggf. nach dem Rückstellen oder Austausch der Schutzeinrichtung weiterhin alle Anforderungen dieser Norm erfüllt.

Kurzschlussfester Transformator

DIN EN 61558-1 (**VDE 0570-1**):2006-07, Abschnitt 3.1.9 [12]

Transformator, bei dem die Temperatur die festgelegten Grenzwerte nicht überschreitet, wenn der Transformator überlastet oder kurzgeschlossen ist, und der nach dem Entfernen der Überlast oder des Kurzschlusses weiterhin alle Anforderungen dieser Norm erfüllt.

Fail-Safe-Transformator

DIN EN 61558-1 (**VDE 0570-1**):2006-07, Abschnitt 3.1.11 [12]

Transformator, der mit einer Schutzeinrichtung ausgerüstet ist, die mit der Unterbrechung des Eingangsstromkreises dauerhaft ausfällt, wenn der Transformator überlastet oder kurzgeschlossen ist, aber für den Anwender oder die Umgebung keine Gefahr darstellt. Er erfüllt nach dem Entfernen der Überlast oder des Kurzschlusses weiterhin alle Anforderungen dieser Norm.

Spartransformator

Spartransformatoren verfügen nur über eine Wicklung, dementsprechend gibt es keine galvanische Trennung zwischen der Primär- und der Sekundärwicklung, siehe **Bild 3.17**. Ein Windungsfehler in der Wicklung (nur Basisisolierung) kann dazu führen, dass die Spannung des Primärstromkreises auf den Sekundärstromkreis übertragen wird. Spartransformatoren sind zur Versorgung von Hilfsstromkreisen nicht zugelassen.

Bild 3.17 Wicklung eines Spartransformators

Kurzschlussschutz

Für PELV- und SELV-Stromkreise gibt es keine speziellen Anforderungen über die Kurzschlussfestigkeit des Transformators. Wichtig ist, dass es sich um einen Sicherheitstransformator handelt. Nicht kurzschlussfeste Sicherheitstransformatoren benötigen zusätzlich eine Überstromschutzeinrichtung, die entweder auf der Primärseite oder auf der Sekundärseite des Transformators vorgesehen werden muss, siehe **Tabelle 3.10**. Die Auslösecharakteristik der Überstromschutzeinrichtung muss eine Überlastung des Transformators verhindern. Da beim Einschalten eines unbelasteten Transformators ein „Rush-Strom" auftreten kann, muss dieser Einschaltstrom bei der Auswahl der Überstromschutzeinrichtungen berücksichtigt werden.

	nicht kurzschlussfest	bedingt oder unbedingt kurz-schlussfest	fail-safe
Netztransformator	⊖	⊖	⊖ F
Steuertransformator	△⊖	△⊖	△⊖ F
Trenntransformator	⊖	⊖	⊖ F
Sicherheitstransformator	⊖	⊖	⊖ F

Tabelle 3.10 Übersicht von Transformatorenarten in Abhängigkeit ihrer Schutzeinrichtung (Normenreihe DIN EN 61558 (**VDE 0570**))

3.1.12   Not-Aus, Not-Halt

Maschinen müssen immer mit einer Not-Halt-Einrichtung und bestimmte elektrische Anlagen manchmal mit einer Not-Aus-Einrichtung ausgerüstet sein. In diesem Buch wird auf die vorgesehenen Funktionen nicht im Detail eingegangen, deshalb wird als Sammelbegriff für Not-Halt- und Not-Aus-Befehlsgeräte in diesem Buch der Begriff Not-Aus-Schalteinrichtung verwendet.

Grundsätzlich müssen Maschinen bzw. elektrische Anlagen ohne eine Not-Aus-Schalteinrichtung „sicher" sein. Dies bedeutet, dass von einer Maschinen bzw. elektrischen Anlage auch ohne eine Not-Aus-Schalteinrichtung keine Gefahr ausgehen darf. Not-Aus-Schalteinrichtungen sind somit keine risikomindernde Maßnahme.

Warum dann eine Not-Aus-Schalteinrichtung?

Maschinen be- oder verarbeiten Materialien oder bewegen Güter. Sowohl Materialien als auch Güter können sich beim Behandeln anders verhalten, als in der Risikobeurteilung angenommen wurde. So können Materialien bei der Bearbeitung zerplatzen, verbiegen usw. oder Güter können sich aufgrund von Schwerpunktverlagerungen aus ihrer Position verschieben. Auch das Auftreten von Laien in unerlaubten Bereichen, z. B. in elektrischen Betriebsstätten, ist eine nicht vorgesehene Situation. Es handelt sich also grundsätzlich um Situationen, die bei der Risikobeurteilung nur zum Teil bewertet und berücksichtigt werden konnten. Eine Not-Aus-Schalteinrichtung ist für solche Gefahrensituationen eine wertvolle Hilfe, um z. B. einen Schaden zu minimieren.

Eine Not-Aus-Schalteinrichtung besteht in der Regel aus einem Taster, dessen Betätigungsfläche eine Pilz-Form hat und rot sein muss. Der Hintergrund, wenn vorhanden, muss gelb sein. Eine Beschriftung des gelben Hintergrunds ist nicht gefordert, da dieser Taster in eine Gefahrensituation von jedermann bedient werden soll, ohne vorher einen Text auf dem gelben Hintergrund zu lesen, siehe **Bild 3.18**.

Bild 3.18 Not-Halt- bzw. Not-Aus-Bedieneinrichtung (Quelle: Siemens AG)

Die einfachste Einbindung einer Not-Aus-Schalteinrichtung in eine elektrische Anlage ist die Reihenschaltung des Öffners (Ruhestromkontakt) der Not-Aus-Schalteinrichtung mit einer elektrisch betätigten Abschalteinrichtung. Dies kann ein Schütz, aber auch ein Leistungsschalter sein. Diese einfache Form der Abschaltung ist jedoch nicht gegen einen Querschluss zwischen den beiden Leitern der Not-Aus-Schalteinrichtung geschützt. Werden z. B. diese beiden Leiter durch eine mechanische Beschädigung kurzgeschlossen, ohne dass ein Erdschluss erzeugt wird, ist die Not-Aus-Schalteinrichtung außer Funktion gesetzt, siehe **Bild 3.19**.

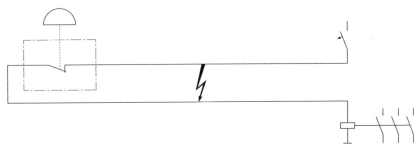

Bild 3.19 Querschluss ohne automatische Abschaltung

Ein Schutz gegen Querschluss kann durch die Verwendung einer geschirmten Leitung, die geerdet wird, erreicht werden. In so einem Fall wird bei Quetschung und Querschluss auch ein Erdschluss erzeugt. Die Kurzschlussschutzeinrichtung schaltet dann den betroffenen Hilfsstromkreis komplett ab, siehe **Bild 3.20**.

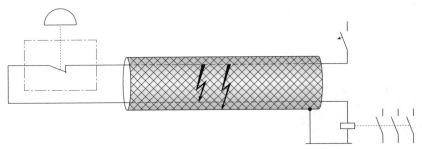

Bild 3.20 Automatische Abschaltung beim Querschluss

Mithilfe moderner Sicherheitsschaltgeräte kann ein Querschluss erkannt werden, ohne dass die automatische Abschaltung des gesamten Hilfsstromkreises ausgelöst wird, siehe **Bild 3.21** und **Bild 3.22**. Dieses Konzept ist für Anlagen, die eine hohe Verfügbarkeit aufweisen müssen, sehr hilfreich.

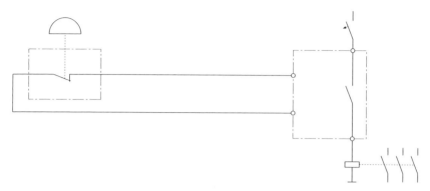

Bild 3.21 Sicherheitsschaltgerät mit Querschlusserkennung

Bild 3.22 Sicherheitsschaltgerät (Quelle: Siemens AG)

3.1.13   Mechanisch verriegelte Schaltgeräte

Auch in modernen Steuerungen ist in manchen Fällen der Einsatz von mechanisch verriegelten Schützen von Vorteil oder manchmal auch zwingend zu empfehlen.

Schützwendekombination

Beim Umschalten durch zwei Schütze können diese manchmal schneller umschalten, als es erlaubt ist. So muss z. B. bei einer Umschaltung von einer Stromquelle auf eine andere sichergestellt sein, dass der Lichtbogen der Strom führenden Stromquelle an den Kontakten des Schützes erloschen ist, bevor auf die andere Stromquelle umgeschaltet wird. Eine Ausschaltung bei einem Schütz ist in der Regel nach ca. 25 s erfolgreich abgeschlossen.

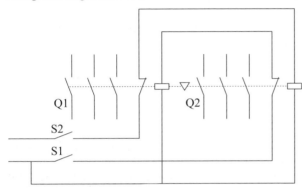

Bild 3.23 Schaltplan für eine mechanisch verriegelte Schützwendekombination

Bei kleinen Schützen (bis ca. 170 A) sind die Massen, die intern beim Schaltvorgang bewegt werden müssen, mittlerweile so gering, dass die erforderliche Mindestumschaltzeit unterschritten werden kann. Auch die gegenseitige Verriegelung über die jeweiligen Hilfskontakte zwischen den Schützen kann manchmal die Mindestumschaltzeit nicht sicherstellen. In solchen Fällen ist der Einsatz von mechanisch gegenseitig verriegelten Schützen eine praktikable Lösung, siehe **Bild 3.23** und **Bild 3.24**, mit dem ein Phasenkurzschluss verhindert werden kann.

Bild 3.24 Kompaktwendeschütz (Quelle: ABB AG)

Diese Gerätekombination ist für folgende Verwendungen geeignet:

● Umschaltung auf eine andere Stromquelle,

● Drehrichtungsumkehr,

● Stern-Dreieck-Schaltungen,

● bei großer Schockbeanspruchung.

Verklinktes Hilfsschütz

Bei Hilfsschützen, die bei Ausfall der Hilfsstromversorgung nicht abfallen bzw. nicht ihre Lage verändern dürfen, bieten sich mechanisch verklinkte Hilfsschütze an. Solche Hilfsschütze verklinken mechanisch und bleiben auch bei Spannungsausfall im eingeschalteten Zustand. Diese können sowohl elektrisch als auch von Hand über eine Taste auf der Frontseite entriegelt werden [14].

Bei Spannungsrückkehr kann durch das Speicherverhalten des Hilfsschützes z. B. der Ablauf eines Programms ohne Rückstellzeiten sofort wieder fortgesetzt werden, siehe **Bild 3.25** und **Bild 3.26**. Die Schützspulen sind in der Regel für Dauerbetrieb ausgelegt.

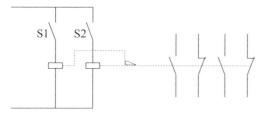

Bild 3.25 Schaltplan für ein mechanisch verklinktes Hilfsschütz

46

Bild 3.26 Verklinktes Hilfsschütz (Quelle: Siemens AG)

3.2 Details zu den Stromversorgungskonzepten

Wird ein Hilfsstromkreis mithilfe eines Transformators versorgt, beginnt der Hilfsstromkreis auf der Sekundärseite des Transformators. Bei der Dimensionierung der Überstromschutzeinrichtung auf der Primärseite ist der Rush-Strom zu beachten, der beim Einschalten eines unbelasteten Transformators auftritt, der um ein Vielfaches größer sein kann als der Nennstrom. Ob mit der auf der Primärseite errichteten Überstromschutzeinrichtung auch gleichzeitig die Sekundärseite im Kurzschlussfall geschützt werden kann, sollte beim Hersteller des Transformators erfragt werden. Die Verwendung von Spartransformatoren ist nicht zulässig, da ein Spartransformator nur über eine Wicklung verfügt, die gleichzeitig Primär- als auch Sekundärwicklung ist. Ein Windungsschluss kann bei einem solchen Transformator dazu führen, dass die Sekundärspannung (also im Hilfsstromkreis) das Spannungspotential der Primärspannung annehmen kann.

Werden mehrere Transformatoren für die Stromversorgung eines Hilfsstromkreises parallel geschaltet, müssen sie sekundär alle die gleiche Phasenlage haben. Dies bedeutet, dass alle Transformatoren auf der Primärseite am selben aktiven Leiter bzw. an denselben aktiven Leitern des Hauptstromkreises angeschlossen werden müssen.

3.2.1 Geerdete Stromversorgungen

Die Anforderungen an die Stromversorgungen von Hilfsstromkreisen ergeben sich aus deren Verwendung. Eine Stromversorgung für einen einfachen Hilfsstromkreis besteht in der Regel aus einem Einphasen-Transformator, der sekundär geerdet ist.

47

Für den Schutz des Sekundärstromkreises ist dann ein einpoliger Kurzschlussschutz erforderlich, siehe **Bild 3.27**. Beide Leiter des Transformatorausgangs werden grundsätzlich als aktive Leiter betrachtet. Die Abschaltzeiten im Fehlerfall sind abhängig von der verwendeten Steuerspannung.

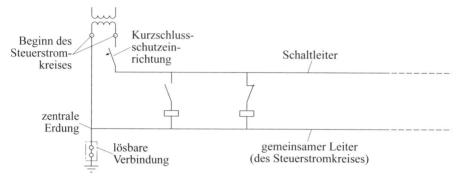

Bild 3.27 Typischer Aufbau einer Stromversorgung für einen Hilfsstromkreis

Die Erdung des Hilfsstromkreises sollte an einer zentralen Stelle, vorzugsweise in der Nähe des Transformators, erfolgen, und die Verbindung mit Erde sollte über eine lösbare Verbindungsstelle erfolgen, die für Prüfzwecke (Isolationsmessung) auf einfache Weise geöffnet werden kann. Der Markt für Installationsmaterial bietet hierfür spezielle Trennklemmen an.

3.2.2   Ungeerdete Stromversorgungen

Bei der Planung der Stromversorgung für einen Hilfsstromkreis sollte die ungeerdete Variante nur als Sonderfall für bestimmte Anwendungen ausgewählt werden. Steuerstromkreise, die von einer ungeerdeten Stromversorgung versorgt werden, können in der Regel trotz eines Isolationsfehlers noch funktionsfähig sein. Dies kann z. B. erforderlich sein, wenn trotz des ersten Isolationsfehlers weiterhin die Verfügbarkeit des Hilfsstromkreises erforderlich ist.

Grundsätzlich ist in solchen Fällen eine Isolationsüberwachungseinrichtung (DIN EN 61557-8 (**VDE 0413-8**), [15]) erforderlich, siehe **Bild 3.28**. Es gibt keine weiteren Anforderungen in Bezug auf Maßnahmen. Es wird empfohlen, im Erdschlussfall einen akustischen und/oder optischen Alarm auszulösen, was natürlich nur Sinn macht, wenn jemand diesen Alarm auch bemerkt. Dies kann z. B. durch die Weiterleitung des Alarmsignals an ein zentrales Überwachungssystem erfolgen. Solche Stromversorgungen sollten nur verwendet werden, wenn sichergestellt ist, dass eine Person den Alarm registriert und ggf. auch reagieren kann, siehe **Bild 3.29**.

Anforderungen an Meldung und Anzeige eines Isolationsfehlers können von der DIN VDE 0100-710 [16] abgeleitet werden. Danach muss eine grüne Signallampe den Normalbetrieb anzeigen und eine gelbe Signallampe signalisieren, dass der minimalste Isolationswiderstand erreicht ist. Gleichzeitig kann ein akustisches Signal ertönen. Das akustische Signal darf stumm geschaltet werden, z. B. durch Quittierung. Das gelbe Signal muss so lange aktiv sein, bis Normalbedingungen wiederhergestellt sind.

In der DIN EN 60204-1 (**VDE 0113-1**):2007-06 ist eine automatische Abschaltung bei einem Isolationsfehler gefordert. In der jetzt in der Überarbeitung befindlichen IEC-Fassung der IEC 60204-1, die im Jahr 2014 veröffentlicht werden soll, wurden diese Anforderungen gestrichen. Stattdessen ist zukünftig eine Risikobeurteilung erforderlich, bei der bewertet werden muss, ob ein Isolationsfehler zu einer Gefahr führen kann. Ist dies der Fall, muss eine geerdete Steuerstromkreisversorgung vorgesehen werden. Darf eine ungeerdete Steuerstromkreisversorgung verwendet werden, reicht bei einem Isolationsfehler eine akustische und optische Warnung aus. Die überarbeitete IEC 60204-1 wird ca. im Jahr 2015 in Deutschland als neue DIN EN 60204-1 (**VDE 0113-1**) veröffentlicht.

Bild 3.28 Isolationsüberwachungseinrichtung (Quelle: Bender)

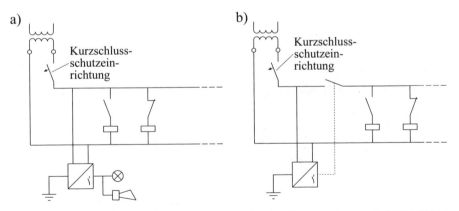

Bild 3.29 Gegenüberstellung der Anforderungen entsprechend DIN VDE 0100-557 und DIN EN 60204-1 (**VDE 0113-1**) mit einer Isolationsüberwachung bei einer ungeerdeten Stromversorgung – a) entsprechend DIN VDE 0100-557, b) entsprechend DIN EN 60204-1 (VDE 0113-1):2007-06

Aufgeteilte ungeerdete Hilfsstromkreise

Werden ungeerdete Hilfsstromkreise auf mehrere Einzelstromkreise aufgeteilt, kann eine gezielte Erfassung eines Isolationsfehlers in einem bestimmten Einzelstromkreis durch die Fehlerortung mittels einer Isolationsfehler-Ortungseinrichtung [17] ermöglicht werden, siehe **Bild 3.30**.

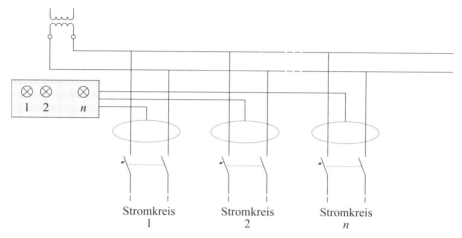

Bild 3.30 Isolationsfehlerortung in einer isolierten Hilfsstromversorgung mit mehreren Stromkreisen

Hersteller bieten hierfür geeignete Messeinrichtungen an, siehe **Bild 3.31**. Stromversorgungen für Hilfsstromkreise, die aus ungeerdeten und aus mehreren unabhängigen Stromkreisen bestehen, sind für Einrichtungen, die über eine hohe Verfügbarkeit aufweisen müssen, bestens geeignet.

Bild 3.31 Isolationsüberwachungseinrichtung für mehrere Strompfade (Quelle: Bender)

3.2.3   Direkt vom Hauptstromkreis

Erfolgt die Stromversorgung eines Hilfsstromkreises direkt vom Hauptstromkreis, muss bei der Dimensionierung der Kurzschlussschutzeinrichtung für den Hilfsstromkreis der max. Kurzschlussstrom des Hauptstromnetzes betrachtet werden. Kann die vorgesehene Kurzschlussschutzeinrichtung für den Steuerstromkreis nur einen niedrigeren Kurzschlussstrom abschalten, ist ein Backup-Schutz (auch Rückschutz genannt) zum Hauptstromkreis erforderlich. In solchen Fällen ist auf die Selektivität und die Kurzschlussleistung bei der Dimensionierung der Überstromschutzeinrichtung besonders zu achten.

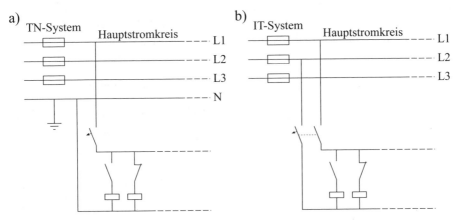

Bild 3.32 Stromversorgung direkt vom Hauptstromkreis – a) im TN-System, b) im IT-Sytem

Wird ein Hilfsstromkreis direkt vom Hauptstromnetz versorgt, ist die Schutzeinrichtung für den Hilfsstromkreis in Abhängigkeit des Systems nach Art der Erdverbindung des Hauptstromkreises einpolig (TN-System) oder zweipolig (IT-System) auszuführen, siehe **Bild 3.32**. Eine zweipolige galvanische Trennung vom geerdeten Hauptstromkreis (TN-System) hilft bei der Fehlersuche bei einem Isolationsfehler im Haupt- oder Hilfsstromkreis. Somit ist die Verwendung einer zweipoligen Schutzeinrichtung für den Hilfsstromkreis immer eine gute Wahl.

Wird der Hilfsstromkreis von einem IT-System direkt versorgt, sollte die Isolationsüberwachung des Hilfsstromkreises mit dem Konzept der Isolationsüberwachung des Hauptstromkreises koordiniert werden.

Die Abschaltzeiten bei einer Versorgungsspannung von > AC 50 V/DC 120 V zum Schutz gegen elektrischen Schlag müssen in Abhängigkeit von der Höhe der Versorgungsspannung und der Art der Erdungverbindung durch die Schutzeinrichtung im Fehlerfall sichergestellt werden. Bei einem IT-System müssen beim zweiten Isolationsfehler in einem anderen aktiven Leiter die Abschaltzeiten wie in einem TN- oder

TT-System erreicht werden, je nachdem, ob in der Verbraucheranlage ein gemeinsames Erdungssystem vorgesehen ist oder ob alle Verbraucher einzeln geerdet werden.

Bei der Versorgung eines Hilfsstromkreises muss die Netzform der Stromquelle beachtet werden. Im TT-System gelten z. B. andere Abschaltzeiten (kürzer) als im TN-System, da die Berührungsspannung im TT-System doppelt so hoch sein kann als im TN-System. Die direkte Versorgung eines Hilfsstromkreises sollte deshalb nur im TN-System vorgesehen werden, siehe **Tabelle 3.11**.

System	$50\,V < U_0 \leq 120\,V$		$120\,V < U_0 \leq 230\,V$	
	AC	**DC**	**AC**	**DC**
TN	0,8 s	–	0,4 s	5 s
TT	0,3 s	–	0,2 s	0,4 s

Tabelle 3.11 Abschaltzeiten im Fehlerfall zum Schutz gegen elektrischen Schlag [7]

3.2.4 Direkt vom Hauptstromkreis über einen Gleichrichter

Wird ein Hilfsstromkreis mithilfe eines Gleichrichters von einem Wechselstromkreis direkt versorgt (in der Regel mittels vier Dioden in Brückenschaltung), beginnt der Hilfsstromkreis nach dem Gleichrichter, siehe **Bild 3.33**.

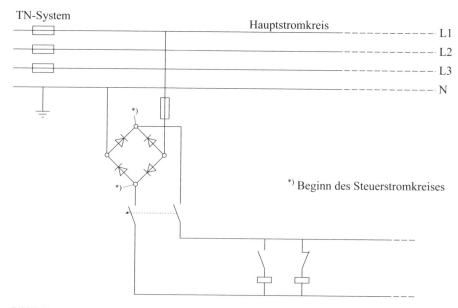

Bild 3.33 Stromversorgung direkt vom Hauptstromkreis über eine Gleichrichterbrücke für einen Steuerstromkreis

Da die Spannung bei einer Gleichstromversorgung 220 V nicht überschreiten sollte, ist eine direkte Versorgung vom Hauptstromkreis über einen Gleichrichter in Brückenschaltung (auch Graetz-Schaltung genannt) nur bei Hauptstromkreisen mit einer niedrigeren Nennspannung als 230 V sinnvoll.

Sowohl der Effektivwert (quadratischer Mittelwert) der Wechselspannung als auch der Effektivwert der Gleichspannung, die mittels eines Brückengleichrichters gleichgerichtet wurde, haben den gleichen Effektivwert. Der quadratische Mittelwert einer sinusförmigen Spannung berechnet sich wie folgt:

$$U_{\text{eff}} = \frac{U_{\text{Spitze}}}{\sqrt{2}}.$$

Da die Spannungs-/Zeitflächen identisch sind, ist der Effektivwert in beiden Fällen gleich groß. Wird ein Kondensator am Ausgang des Brückengleichrichters angeschlossen, kann der Effektivwert eine Spannung annehmen, die fast so groß ist wie die Scheitelspannung (230 V · 1,414 = 325 V).

3.3   Stromversorgungen für Bus-Systeme

Bus-Systeme (**Tabelle 3.12**) benötigen eine Stromversorgung. In Abhängigkeit des Bus-Konzepts sind separate Netzgeräte erforderlich oder der Datenbus wird durch eine Systembaugruppe (Automatisierungsgerät, Feldgerät) mitversorgt. Sind separate Netzgeräte erforderlich, müssen diese in der Regel zum verwendeten Bus-System passen und sollten daher immer systemgerecht ausgewählt werden.

Die Hilfsstromversorgung für Bus-Systeme wird in der Regel durch einen kurzschlussfesten Sicherheitstransformator erzeugt, der eine Schutzkleinspannung (PELV) von < DC 30 V liefert. Deshalb ist bei den Bus-Leitungen kein Basisschutz erforderlich.

Bus-System	Verwendung	Hilfsstromversorgung
Profinet	Rechnerebene, Prozess-Steuerebene	Stromversorgung erfolgt durch ein separates Netzgerät über ein Switch-Modul
Profibus	Industrieanlagen, Steuerungsebene	Stromversorgung erfolgt über die interne Stromversorgung des Automatisierungsgeräts
AS-Interface	Industrieanlagen, Anschluss von kommunikationsfähigen Sensoren/Aktoren an ein AS-Interface-Modul	Stromversorgung erfolgt durch ein separates Netzgerät

Bus-System	Verwendung	Hilfsstromversorgung
IO-Link	Industrieanlagen, Anschluss von kommunikationsfähigen Sensoren/Aktoren an ein Feldgerät	Stromversorgung erfolgt über die interne Stromversorgung des Feldgeräts
KNX	Gebäudeautomatisierung	Stromversorgung erfolgt durch ein separates Netzgerät

Tabelle 3.12 Übersicht von verschiedenen Bus-Systemen und deren Hilfsstromversorgung

3.3.1 Profinet-Bus-System

Die Hilfsstromversorgung eines Profinet-Bus-Systems erfolgt über separate Netzgeräte, dessen Sekundärseite ungeerdet (potentialfrei) betrieben wird. Der Schutz gegen Überlastung und Kurzschluss erfolgt über eine interne elektronische Schutzeinrichtung mit selbsttätiger Wiedereinschaltung. Das Netzgerät versorgt die Switch-Module, die das Profinet-Bus-System zusammenschalten, siehe **Bild 3.34**. Die Anzahl der Netzgeräte ist abhängig von der Topologie des Netzes (strahlenförmig, ringförmig oder Kombination aus beiden). Die Stromversorgung des Profinet-Bus-Systems erfolgt durch die Switch-Module. Der elektrische Anschluss der Netzgeräte mit den Switch-Modulen erfolgt in der Regel über eine zweiadrige Leitung in unmittelbarer Nähe.

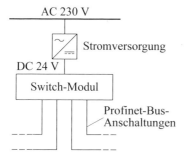

Bild 3.34 Stromversorgung eines Profinet-Bus-Systems

3.3.2 Profibus-System

Die Hilfsstromversorgung eines Profibus-Systems erfolgt meistens über am Profibus beteiligte Automatisierungsgeräte (SPS oder PC) oder deren elektronische Klemmenleisten. Automatisierungsgeräte enthalten eigene Netzgeräte, die von einer AC-230-V-Wechselspannung versorgt werden.

Bei LWL-Bus-Leitungen müssen die korrespondierenden Teilnehmer eine eigene Hilfsstromversorgung haben.

Die Datenleitungsverbindung erfolgt mittels einer doppelt geschirmten verdrillten Zweidrahtleitung. Der äußere Schirm wird beidseitig mit dem Erdungssystem verbunden. Die Profibus-Anschlussstelle verfügt über getrennte Anschlussklemmen für die Kommunikation und für die Stromversorgung, siehe **Bild 3.35**.

Für die Verbindungen der Profibus-Teilnehmer werden spezielle konfektionierte Leitungen verwendet. Die Farbe der Aderisolierung für den Datenbus ist rot und grün, die für die Hilfsstromversorgung schwarz.

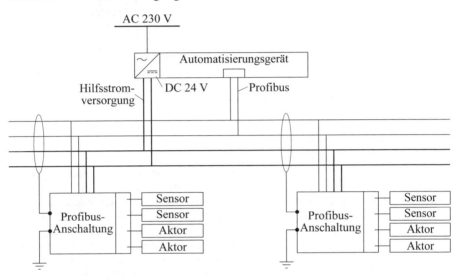

Bild 3.35 Stromversorgung eines Profibus-Systems

3.3.3   AS-Interface-System

AS-Interface steht für Aktor-Sensor-Interface und benötigt für die Kommunikation und die Hilfsstromversorgung nur eine Zweidrahtleitung. Der Anschluss von Aktoren oder Sensoren an den Datenbus erfolgt mithilfe der Durchdringungstechnik (keine Klemmen) an ein AS-Interface-Modul. Die AS-Interface-Module kommunizieren wiederum mit einem Automatisierungsgerät, siehe **Bild 3.36**.

Die Hilfsstromversorgung erfolgt mittels eines speziell für den AS-Interface-Bus geeigneten Netzgeräts und wird direkt an die Zweidraht-Bus-Leitung angeschlossen. Das (kurzschlussfeste) Schaltnetzteil verfügt über eine interne Überlast- und Erdschlusserkennung.

55

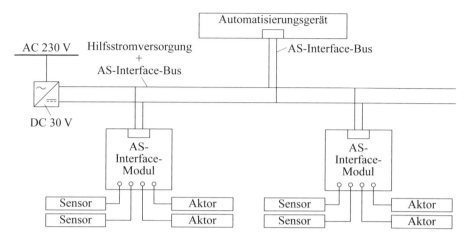

Bild 3.36 Stromversorgung eines AS-Interface-Systems

3.3.4 IO-Link-System

Der Vor-Ort-Anschluss von kommunikationsfähigen Sensoren und Aktoren an ein Feldgerät kann mittels eines IO-Links (Punkt-zu-Punkt-Verbindung) erfolgen. Durch die Kommunikationsfähigkeit können Informationen/Befehle von angeschlossenen Sensoren und Aktoren über das Feldgerät an die SPS-Steuerung weitergeleitet werden. Werden konventionelle Sensoren (Schalter) und Aktoren (Schütz) an das Feldgerät angeschlossen (keine IO-Link-Verbindung), können nur Standard-Funktionen wie „Ein" oder „Aus" übertragen werden. Die Hilfsstromversorgung der IO-Link-Punkt-zu-Punkt-Verbindung erfolgt aus dem Feldgerät, siehe **Bild 3.37**.

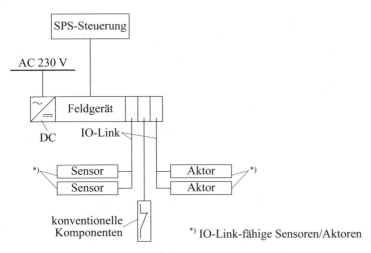

Bild 3.37 Stromversorgung eines Feldgeräts mit IO-Link-Anschlüssen

3.3.5   KNX-Bus

Die Hilfsstromversorgung eines KNX-Bus-Systems erfolgt durch einen direkten Anschluss eines Netzgeräts an die Zweidraht-Bus-Leitung. Als Netzgerät können nur KNX-fähige Stromversorgungen verwendet werden. Die Bus-Leitung enthält sowohl die Stromversorgung als auch die Daten der Bus-Teilnehmer. Der im Netzteil der Stromversorgung enthaltene Transformator ist ein kurzschlussfester Sicherheitstransformator. Die Energiezufuhr für die Ausgabebaugruppen (Leistungsteil) erfolgt unabhängig vom Bus-System. Als Schutzeinrichtungen werden meistens Leitungsschutzschalter mit einer Fehlerstromschutzeinrichtung verwendet, siehe **Bild 3.38**.

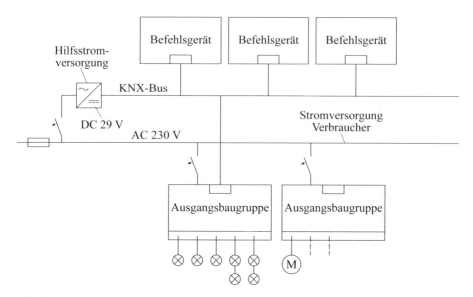

Bild 3.38 Stromversorgung eines KNX-Bus-Systems

4   Errichtung von Hilfsstromkreisen

4.1   Kurzschlussfeste Verdrahtung

Schutz der Verbindungsleitung

Die Verbindungsleitung zwischen in Reihe geschalteten Überstromschutzeinrichtungen mit unterschiedlichen Auslösekennlinien ist eine empfindliche Stelle, siehe **Bild 4.1**. Da die nachgeschaltete Überstromschutzeinrichtung entsprechend dem Strombedarf auf der Verbraucherseite dimensioniert ist, sind die Auslösewerte in der Regel kleiner, als die Auslösewerte der vorgeschalteten Überstromschutzeinrichtung (Verteilerstromkreis). Auch die Größe der Anschlussklemmen nachgeschalteter Überstromschutzeinrichtungen ist meistens nur für kleinere Leiterquerschnitte geeignet im Gegensatz zu denen der vorgeschalteten Schutzeinrichtungen. Damit kann der Querschnitt der Verbindungsleitung zwischen den Überstromschutzeinrichtungen nur annähernd so groß gewählt werden, wie der Querschnitt der Leitung auf der Verbraucherseite.

Als Extrembeispiel ist der Anschluss der Verbindungsleitung an einen Schienenverteiler. Eine Kupferschiene kann normalerweise nicht an einen 10-A-Leitungsschutzschalter angeschlossen werden. Dies bedeutet, dass eine übergeordnete Überstromschutzeinrichtung (Netzseite) bei einem Kurzschluss für die Verbindungsleitung keinen Schutz darstellt.

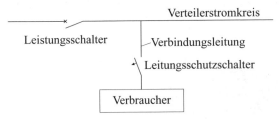

Bild 4.1 Verbindungsleitung zwischen zwei Überstromschutzeinrichtungen

Normalerweise muss ein Kurzschlussschutz an der Stelle vorgesehen werden, an der der Leiterquerschnitt reduziert wird [18]. Doch für die Verbindung zwischen dem Verteilerstromkreis und der nachgeschalteten Überstromschutzeinrichtung gibt es eine Ausnahme, bei der bestimmte Bedingungen beachtet werden müssen. Diese sind im Einzelnen:

- keine Abzweige oder Steckdosen,

- nicht länger als 3 m,

- erdschluss- und kurzschlusssichere Verlegung,
- nicht in der Nähe von brennbarem Material.

Eine erd- und kurzschlusssichere Verlegung bedeutet, dass die betreffende Leitung so verlegt wird (auch innerhalb eines Schaltschranks), dass keine mechanische Belastung auftreten kann. Dies kann erreicht werden, wenn solche Leitungen separat in einem eigenen Kabelkanal über seine gesamte Länge verlegt werden. Beim Anschluss an einen Außenleiter eines Schienensystems muss darauf geachtet werden, dass die Isolierung dieser Verbindungsleitung nicht in Kontakt mit den anderen Außenleitern des Stromschienensystems kommt.

Alternativ zur geschützten Verlegung bietet der Markt erd- und kurzschlusssichere Hochspannungsleitungen an (NSGAFöu), die über eine flammwidrige Isolierung verfügen, siehe **Bild 4.2**. Diese Leitungen sind für solche Verbindungsleitungen (bis 1 kV) bestens geeignet und bedürfen keiner besonderen geschützten Verlegung und können z. B. in einem Schaltschrank mit anderen Leitungen gemeinsam in einem Kabelkanal verlegt werden.

Bild 4.2 Kurzschlussfeste Leitung
(Quelle: Lapp)

Ein moderner Anschluss einer Überstromschutzeinrichtung für Endstromkreise an einen Stromschienenverteiler ist die direkte Montage der Überstromschutzeinrichtung an solch einen Stromschienenverteiler. Bei dieser Lösung gibt es keine ungeschützte Verbindungsleitung, und die Lösung ist in der Regel typgeprüft, d. h., eine Kurzschlussprüfung ist nachgewiesen, siehe **Bild 4.3**.

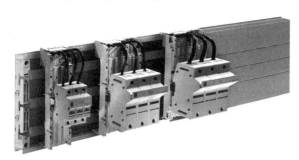

Bild 4.3 Sammelschienen mit direkt angebauten Überstromschutzeinrichtungen
(Quelle: Rittal)

4.2   Trennung von Hilfs- und Hauptstromkreisen

Hilfsstromkreise sollten, wenn möglich, getrennt von Hauptstromkreisen verlegt werden. Dies kann z. B. durch die Verlegung in separaten Kabelkanälen erreicht werden. Doch spätestens im Schaltschrank an den Schaltgeräten kann die räumliche Trennung nicht mehr eingehalten werden. Sind mehrere Schaltgeräte nebeneinander angeordnet, kommt es unweigerlich zu Kreuzungen von Hilfs- und Hauptstromkreisen. In solchen Fällen muss die Basisisolierung aller Leitungen für die höchste vorkommende Spannung in irgendeinem der Leiter dimensioniert werden.

4.3   Selektivität bei Schutzeinrichtungen

Werden Überstromschutzeinrichtungen zur Reduzierung der Durchlassenergie in Reihe geschaltet, so müssen sie sich zueinander selektiv verhalten. Dies bedeutet, dass im Kurzschlussfall auf der Verbraucherseite auch nur die unmittelbar vor dem Fehlerfall angeordnete Überstromschutzeinrichtung allein auslöst und die übergeordnete Überstromschutzeinrichtung nicht [19]. Sie sollte auch nicht auslösen, da aus Gründen der Verfügbarkeit der Stromversorgung andere an dieser Überstromschutzeinrichtung angeschlossene Verbraucherabzweige nicht mit abgeschaltet werden. Die Auswahl von Schutzeinrichtungen, die sich selektiv zueinander verhalten, ist von vielen Faktoren abhängig. Hersteller bieten hierfür Software an, mit denen eine Selektivität geprüft werden kann. Grundsätzlich dürfen sich die Strom-Zeit-Kurven der in Reihe geschalteten Überstromschutzeinrichtungen (Kennlinie 1 und Kennlinie 2) sowohl im Überlast- als auch für den Kurzschlussbereich nicht kreuzen, siehe **Bild 4.4**. Die verbrauchernahe Überstromschutzeinrichtung stellt die Kennlinie 1 und die übergeordnete Überstromschutzeinrichtung die Kennlinie 2 dar.

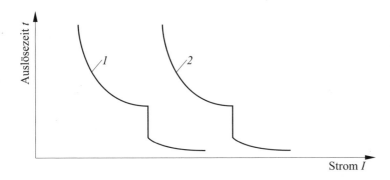

Bild 4.4 Selektive Auslösekennlinien

4.4 Backup-Schutz für Schutzeinrichtungen

Eine Überstromschutzeinrichtung muss die Fähigkeit aufweisen, den max. auftretenden Kurzschlussstrom des Netzes im Fehlerfall abzuschalten.

Liefert ein Netz im Kurzschlussfall einen Kurzschlussstrom, der größer ist als der max. schaltbare Kurzschlussstrom der Schutzeinrichtung (Bemessungsschaltvermögen), benötigt diese Schutzeinrichtung eine weitere übergeordnete Schutzeinrichtung, die dann gemeinsam den Kurzschlussstrom mit abschaltet. Die übergeordnete Schutzeinrichtung darf nur soweit gegenüber der nachgeschalteten Schutzeinrichtung verzögert abschalten, wie die (verbrauchernahe) kleinere Schutzeinrichtung in diesem Zeitraum den Strom tragen kann. Diese vorgeschaltete Schutzeinrichtung entlastet dadurch die nachgeschaltete Schutzeinrichtung.

In solchen Fällen darf der max. Kurzschlussstrom des Netzes größer sein, als die nachgeschaltete Schutzeinrichtung zu schalten vermag. Bei der Auswahl einer solchen Kombination sollten die Herstellerangaben beachtet werden.

Im Fall eines Kurzschlusses auf der Verbraucherseite lösen in der Regel beide Überstromschutzeinrichtungen aus [19].

4.5 Kurzschlussfeste Schutzeinrichtungen

Die Stromkurve eines (prospektiven) Kurzschlussstroms hat einen bestimmten Zeitverlauf. Der Maximalwert wird durch die Spannung und die Netzimpedanzen bestimmt. Kann eine Überstromschutzeinrichtung in einer kürzeren Zeit auslösen, bevor der Kurzschlussstrom seinen max. Wert erreicht, spricht man von einer kurzschlussfesten Schutzeinrichtung, siehe **Bild 4.5**.

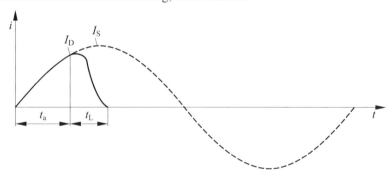

Bild 4.5 Kennlinie einer kurzschlussfesten Überstromschutzeinrichtung [20]
t_a Ausschaltverzögerung
t_L Lichtbogendauer
I_D Durchlassstrom
I_S Stoßkurzschlussstrom

Bei Überstromschutzeinrichtungen (Schutzschaltern) mit kleinen Nennströmen ist der Widerstand des Bimetalls einschließlich des elektromagnetischen Kurzschluss-schnellauslösers sehr groß, siehe **Bild 4.6**. Der Widerstand ist so groß, dass ein Kurzschlussstrom I_k auf einen Wert gedämpft wird, der vom Schaltelement sowohl thermisch als auch dynamisch beherrscht wird und auch ausgeschaltet werden kann [20]. Solche Überstromschutzeinrichtungen werden als Strombegrenzer oder auch kurzschlussfest bezeichnet.

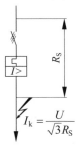

Bild 4.6 Maximaler Kurzschlussstrom in Abhängigkeit des Innenwiderstands der Überstromschutzeinrichtung [20]

Damit die Kontakte in einer kurzen Zeit bewegt werden können, müssen die beweglichen Massen in einer Überstromschutzeinrichtung gering sein. Nur Überstromschutzeinrichtungen mit „kleinen" Nennströmen können kurzschlussfest sein, da sie die geringsten Massen haben.

4.6   Schutzbeschaltungen von Schützspulen

Schützspulen haben einen hohen induktiven Anteil. Wird eine Induktivität geschaltet, müssen besondere Maßnahmen vorgesehen werden. Denn wenn ein induktiver Strom unterbrochen wird, tritt eine Selbstinduktionsspannung auf. Mithilfe von Schutzbeschaltungen kann diese Spannung reduziert oder begrenzt werden.

Schutz der Kontakte

Beim Öffnen eines Kontakts, der einen Strom führt, bleibt zwischen den Kontakten so lange ein Lichtbogen stehen, bis der Strom unter einen bestimmten Wert abgeklungen ist. Dieser Strom verursacht einen hohen Verschleiß an Kontaktmaterial. Die Anzahl der max. Schaltspiele eines Kontakts, der eine Induktivität mit Schutzbeschaltung schaltet, ist deshalb erheblich größer.

Schutz der Isolierung

Ein induktiver Strom verursacht beim Öffnen des Stromkreises eine Selbstinduktionsspannung. Diese Spannung kann so groß werden, dass die Isolierung der Schützspule beschädigt oder durch diese Spannung gestresst wird. Eine Spannungsreduzierung kann einen vorzeitigen Ausfall der Isolierung von Schützspulen durch Überspannungsstress verhindern.

Die Höhe der Selbstinduktionsspannung ist bei einer Wechselstromversorgung abhängig von der Phasenlage im Augenblick der Abschaltung und von der Induktivität. Die Abklingzeit ist vom induktiven Strom abhängig:

$$u_i = L \frac{\mathrm{d}i}{\mathrm{d}t}.$$

Positiv genutzt wird dieses Phänomen der Selbstinduktionsspannung bei Leuchtstofflampen mithilfe von Vorschaltgeräten zur Zündung des Leuchtgases. Damit auch hier kein Kontaktverschleiß (Starter) auftritt, werden bevorzugt elektronische kontaktlose Vorschaltgeräte (EVG) verwendet.

Schutzbeschaltungen in Abhängigkeit der Stromart

Bei AC-betätigten Schützen sind für die Montage von Schutzbeschaltungen (RC- oder Varistor-Löschglieder) in der Regel vom Hersteller Mechanismen vorgesehen, an die eine Schutzbeschaltung an der Frontseite ohne Werkzeug eingerastet werden kann. Bei separater Montage muss darauf geachtet werden, dass die Leitungen zwischen der Schutzbeschaltung und den Anschlüssen der Schützspule kurz sind.

Bei DC-betätigten Schützen ist eine separate Schutzbeschaltung häufig nicht erforderlich, da die Hersteller in der Regel eine im Schütz integrierte Schutzbeschaltung vorgesehen haben [21]. Es sollte auf jeden Fall im Datenblatt geprüft werden, ob eine integrierte Schutzbeschaltung vorhanden ist.

Unabhängig davon, ob es sich um eine klassische Hilfsschützsteuerung oder um eine freiprogrammierbare Steuerung handelt, Schützspulen sollten immer, extern oder integriert, über eine Schutzbeschaltung verfügen.

Abfallverzögerung beachten

Durch eine Schutzbeschaltung kann ein Strom länger durch die Schützspule fließen. Dies bedeutet, dass nach der Abschaltung der induktive Strom durch die Schutzbeschaltung fließt. Die Abschaltzeit kann jedoch durch die Verwendung einer bestimmten Schutzbeschaltung beeinflusst werden, siehe **Tabelle 4.1**.

Schutz-beschaltung	Schaltbild	Strom-art	Anschluss	Besonderheiten	Effekt
Diode		DC	• in Sperr-richtung zur Stromversor-gung, • Polarität beachten, • in der Regel im Schütz integriert	• Induktions-spannung wird auf den Schwellwert der Diode begrenzt (ca. 0,8 V)	• bereits bei geringer Induktions-spannung wirksam, • Abfall-verzögerung, • Kontakt-verschleiß
Diode und Zenerdiode		DC	• Zenerdiode in Sperrrichtung zur Strom-versorgung, • Polarität beachten, • in der Regel im Schütz integriert	• Induktions-spannung wird auf einen bestimmten Wert begrenzt ($U_{\text{Zenerdiode}}$ + $U_{\text{Schwellwert}}$)	• geringere Abfallverzöge-rung als bei einer Diode
Varistor		AC	• Parallel-schaltung mit Schützspule, • keine Polarität	• Begrenzung der Induktions-spannung auf den Schwell-wert des Varistors	• geringe Abfallverzöge-rung
RC-Glied		AC	• RC-Glied parallel zur Schützspule	• einfache wirksame Methode, • konkrete Dimensionie-rung erforderlich	• schützt Kontakte
Widerstand		AC/DC	• parallel zur Schützspule	• einfachste Variante, • für AC und DC geeignet, • bei angesteuer-tem Schütz immer Energie-verbraucher	• geringe Schutzwirkung

Tabelle 4.1 Übersicht von Schutzbeschaltungen

4.7   Sonderstromkreise

Kann die Stromversorgung eines Hilfsstromkreises nicht gemeinsam mit der Ab-schalteinrichtung seines dazugehörigen Hauptstroms abgeschaltet werden, so gelten diese Hilfsstromkreise als Sonderstromkreise und müssen entsprechend gekenn-zeichnet werden, siehe **Bild 4.7**.

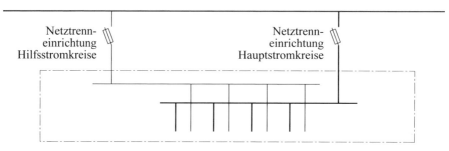

Bild 4.7 Anlage mit zwei unabhängigen Netztrenneinrichtungen

Dies gilt jedoch nicht nur für fremdversorgte Hilfsstromkreise, sondern auch für Hilfsstromkreise, die über eine eigene, vom dazugehörigen Hauptstromkreis unab-hängige Netztrenneinrichtung verfügen (**Bild 4.8**).

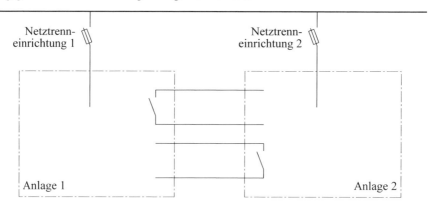

Bild 4.8 Zwei verknüpfte Anlagen mit eigenen Netztrenneinrichtungen

Enthält z. B. ein Schaltschrank zusätzlich zu den eigenen Hilfsstromkreisen fremd-gespeiste Hilfsstromkreise, z. B. zu Verriegelungszwecken, mit einer anderen Anla-ge, so müssen die Verdrahtung und deren Klemmen besonders gekennzeichnet und ggf. mit Warnhinweisen versehen werden.

Bild 4.9 Kennzeichnung von Sonderstromkreisen

Die häufigste verwendete Methode einer Kennzeichnung ist die Verwendung von Leitungen mit einer orangen Isolationsfarbe und die Verwendung von Reihenklemmen in orangefarbener Gehäusefarbe mit einer Abdeckung, an der ein Warnhinweis angebracht ist, siehe **Bild 4.9**.

4.8 Leitungen

4.8.1 Farbkennzeichnung

DIN VDE 0100-557 enthält keine Anforderungen für die farbliche Kennzeichnung von Leitungen von Hilfsstromkreisen. DIN EN 60204-1 (**VDE 0113-1**) empfiehlt zur Identifizierung von Steuerstromkreisen durch Farbe die in **Tabelle 4.2** gezeigte Farbcodierung.

Verwendung	Farbe
Steuerstromkreise mit Wechselstrom	Rot
Steuerstromkreise mit Gleichstrom	Blau
ausgenommene Stromkreise (Sonderstromkreise)	Orange

Tabelle 4.2 Farbzuordnung bei Steuerstromkreisen

DIN EN 60445 (**VDE 0197**) [22] enthält die erlaubten Farben für elektrische Leitungen einschließlich ihrer Abkürzungen (**Tabelle 4.3**).

Farbe	Abkürzung
Schwarz	BK
Braun	BN
Rot	RD
Orange	OG
Gelb	YE
Grün	GN
Blau	BU
Violett	VT
Grau	GY
Weiß	WH
Rosa	PK
Türkis	TQ

Tabelle 4.3 Farbcode für elektrische Leiter [23]

Eine Farbkennzeichnung von elektrischen Leitern muss mindestens an den Anschlüssen, jedoch vorzugsweise über die gesamte Länge der Leitung angewandt werden [14]. Die Abkürzungen wurden 1986 von deutschen Abkürzungen in englische Abkürzungen geändert [22].

Grün- bzw. Gelb-Kennzeichnung

Wenn eine Verwechslungsgefahr mit der Schutzleiter-Kennzeichnung grün/gelb besteht, dürfen die Einzelfarben Grün und Gelb nicht verwendet werden.

Blau-Kennzeichnung

Enthält ein Stromkreis einen Neutralleiter bzw. Mittelleiter, muss dieser Leiter Blau sein. In solchen Fällen darf die Farbe Blau nicht für andere elektrische Leiter verwendet werden. Die Farbe Blau sollte dabei ein Hellblau sein, da ein gesättigtes Blau häufig mit anderen dunklen Farben, z. B. bei schlechten Lichtverhältnissen, verwechselt werden kann.

Kennzeichnung durch alphanumerische Zeichen

Wenn Buchstaben zur Kennzeichnung verwendet werden, müssen lateinische Buchstaben verwendet werden. Zur Verhinderung von Verwechselungen mit Ziffern dürfen die Buchstaben „O" und „I" nicht verwendet werden. Bei der Verwendung der Ziffern „6" und „9" müssen diese unterstrichen werden. Zur besseren Lesbarkeit müssen alphanumerische Zeichen einen starken Kontrast gegenüber der Aderfarbe aufweisen.

Dauerhaftigkeit

Die Anbringung von alphanumerischen Kennzeichen muss dauerhaft sein. Was als dauerhaft angesehen werden kann, ist abhängig von der zu erwartenden Belastung der

Kennzeichnungen durch die Umwelt. Anforderungen an die Dauerhaftigkeit sind bei elektrischen Leitern, die in einem Schaltschrank verlegt sind, geringer als bei Leitungen, die im Freien errichtet werden. Insbesondere UV-Strahlen, aber auch Feuchtigkeit und mechanische Belastungen (Reinigung) erfordern eine höherwertige Dauerhaftigkeit. Eine Methode, bei der eine hohe Dauerhaftigkeit erreicht werden kann, ist die Anwendung einer „Hot-Stamp"-Kennzeichnung. Dabei wird mit einem heißen Prägestempel die Kennzeichnung in die Isolierung gebrannt, ähnlich dem Brandzeichen bei Pferden. Im Schaltschrankbau werden heutzutage konfektionierte Leitungen mittels eines Automaten bedruckt.

4.8.2 Identifizierung/Markierung

Wenn über die Identifizierung von Leitungen gesprochen wird, fällt meistens der Begriff „Markieren". Doch dies sind zwei unterschiedliche Anforderungen. DIN EN 60204-1 (**VDE 0113-1**) fordert, dass jeder Anschluss (an ein elektrisches Betriebsmittel) in Übereinstimmung mit der technischen Dokumentation identifizierbar sein muss.

Die Identifizierung kann durch Farben, Alphanumerik oder Ziffern erfolgen, auch die Codierung mit Strichen, z. B. ein Strich mit großem Abstand oder ein Strich mit kurzem Abstand oder Doppelstrich mit großem Abstand usw. Diese Codierung wird bei der Installation von Telekommunikationsanlagen verwendet.

Will man jedoch eine wirkliche Zuordnung zwischen vielen Leitern und der Dokumentation erreichen, kommt man um eine Beschriftung nicht herum. Im Anhang B der DIN EN 60204-1 (**VDE 0113-1**) gibt es eine Frage diesbezüglich, wie die Identifizierung für ein bestimmtes Projekt erfolgen soll. Diese Abfrage zwischen Lieferant und Kunde wurde aufgenommen, da verschiedene Kunden auch unterschiedliche Identifizierungsmethoden, z. B. durch eine Werksnorm, eingeführt haben. Wenn keine farbliche Codierung angewandt wird, kann nur eine Beschriftung der Leitungen am Anfang und am Ende eine nutzbare Lösung sein. Die Frage ist nur, was auf die Leitung geschrieben werden soll. Der Code kann nach folgenden Kriterien festgelegt werden:

- Anschlussbezeichnung,
- Leiternummer,
- Zielkennzeichnung,
- Quellenkennzeichnung.

Die heutige Methode ist die Beschriftung der Leiterenden mit dem Anlagenkennzeichen, dem Gerätekennzeichen und mit der Klemmenbezeichnung des Betriebsmittels. So kann z. B. die Beschriftung für einen Leiter an einem Schütz folgende Kennung haben: =E02-Q10:11.

4.8.3 Querschnitte

Bei Hilfsstromkreisen entsprechend DIN VDE 0100-557 muss jeder Leiter einen Mindestquerschnitt von 0,5 mm^2 haben. Dabei ist es gleichgültig, ob es sich um ein- oder zweidrähtige Leitungen handelt. Auch bei ein- bzw. zweiadrigen geschirmten Leitungen ist dieser Mindestquerschnitt gefordert. Ausgenommen davon sind geschirmte Mehraderleitungen, diese Leitungen dürfen einen Mindestquerschnitt von 0,1 mm^2 haben, siehe **Tabelle 4.4**.

Mindestquerschnitte in mm^2 (Cu)					
einadrig		zweiadrig		mehradrig	
eindrähtig	mehrdrähtig	nicht abgeschirmt	abgeschirmt	nicht abgeschirmt	abgeschirmt
0,5	0,5	0,5	0,5	0,1	0,1

Tabelle 4.4 Mindestquerschnitte nach DIN VDE 0100-557

Bei Leitungen für Steuerstromkreise von Maschinen müssen, abhängig vom Einbauort, andere Querschnitte gewählt werden, siehe **Tabelle 4.5**.

Einbauort	Mindestquerschnitte in mm^2 (Cu)					
	einadrig		mehradrig			
	massiv	flexibel	zweiadrig		drei- und mehrdrähtig	
	(Klasse 1 oder 2)	(Klasse 5 oder 6)	nicht abgeschirmt	abgeschirmt	nicht abgeschirmt	abgeschirmt
außerhalb geschützter Gehäuse	1,0	1,0	0,5	0,2	0,2	0,2
innerhalb geschützter Gehäuse	0,2	0,2	0,2	0,2	0,2	0,2

Tabelle 4.5 Mindestquerschnitte nach DIN EN 60204-1 (**VDE 0113-1**)

Leiter der Klasse 1 und 2 dürfen nur für feste (fixierte) Installationen verwendet werden. Verbindungen, die während des Betriebs einer Bewegung ausgesetzt sind, müssen Klasse 5 oder 6 entsprechen. Die Anforderungen für (Leiter-)Klassen sind in DIN EN 60228 (**VDE 0295**) [24] festgelegt, siehe **Tabelle 4.6**.

(Leiter-) Klasse	Aufbau	Eigenschaften	Beispiele
1	eindrähtig, massiv	Leiterquerschnitt ist auf 25 mm^2 begrenzt	eindrähtiger Kupferleiter, muss rund sein
2	mehrdrähtig	**Anzahl** der Einzeldrähte ist abhängig vom Gesamtquerschnitt eines Leiters	bei 1,5 mm^2 muss der Leiter aus mindestens sieben Drähten bestehen
3	nicht besetzt	–	–
4	nicht besetzt	–	–
5	feindrähtig	**Querschnitt** der Einzeldrähte ist abhängig vom Gesamtquerschnitt	bei 25 mm^2 muss der Durchmesser des Einzeldrahts $\leq 0,41$ mm sein
6	feinstdrähtig	**Querschnitt** der Einzeldrähte ist abhängig vom Gesamtquerschnitt und kleiner als bei Klasse-5-Leitungen	bei 25 mm^2 muss der Durchmesser des Einzeldrahts $\leq 0,21$ mm sein

Tabelle 4.6 Eigenschaften von Leitern nach (Leiter-)Klasse

5 Messstromkreise

Messstromkreise erfordern völlig andere Betrachtungen als Steuerstromkreise. Messstromkreise erfassen sowohl elektrische als auch nicht elektrische Größen. Elektrische Messeinrichtungen können in einer elektrischen Anlage direkt oder über Wandler messen. Für nicht elektrische Größen sind Messumformer notwendig, die eine nicht elektrische Größe, wie Druck, Temperatur, Geschwindigkeit usw., in eine elektrische Größe umwandeln können.

Bei der Errichtung von Messstromkreisen sind EMV-Maßnahmen besonders zu beachten, siehe Kapitel 6.

5.1   Überspannungsschutz, Spannungsfestigkeit

Je näher eine Messeinrichtung am Einspeisepunkt errichtet ist, desto höher muss die Spannungsfestigkeit des elektrischen Betriebsmittels sein.

Elektrische Betriebsmittel müssen, je nach Einbauort, in einer elektrischen Anlage eine bestimmte Festigkeit gegen Überspannung aufweisen. Die Spannungsfestigkeit ist in vier Überspannungskategorien (I bis IV) eingeteilt, siehe **Tabelle 5.1**.

Überspannungs-kategorie	I	II	III	IV
Bemessungsstoß-spannung[*)]	1,5 kV	2,5 kV	4 kV	6 kV
Ort der Errichtung	fest errichtete Anlagen	steckbare elektrische Betriebsmittel	Verteilerstrom-kreis, Endstrom-kreis	Einspeisung
Anwendungs-beispiele	elektrische Betriebsmittel mit einem außerhalb errichteten Überspannungs-schutz	Haushaltsgeräte, tragbare Elektrowerkzeuge	Unterverteiler, fest installierte elektrische Betriebsmittel, wie Schalter, Steckdosen	Elektrizitätszähler, Messwandler, Rundsteuergeräte

[*)] Bei einer Spannung von $U_0 \leq 230$ V/50 Hz oder $U_0 \leq 277$ V/60 Hz

Tabelle 5.1 Anforderungen in Abhängigkeit der Überspannungskategorien

Die Zuordnung von Überspannungskategorien und Betriebsmitteln ist in DIN VDE 0100-443 [25] festgelegt. Dabei muss die Isolierung der Betriebsmittel, die direkt an der Einspeisung angeschlossen sind, für die höchste Bemessungsstoßspannung von 6 kV (bei $U_0 \leq 230$ V/50 Hz) dimensioniert sein (Überspannungskategorie IV). Dies sind in der Regel Messstromkreise für die Stromzählung, Strom-, Spannungs- oder Drehfeldmessung. Aber auch Rundsteuerempfänger und zukünftig auch andere Kommunikationseinrichtungen für Smart-Grids zur Optimierung und Steuerung der Energieversorgungen, die direkt an die Einspeisung angeschlossen werden, müssen für diese hohe Überspannungskategorie IV geeignet sein. Werden Messstromkreise nach der Hauptverteilung angeschlossen, reicht eine Überspannungskategorie III aus.

Netz

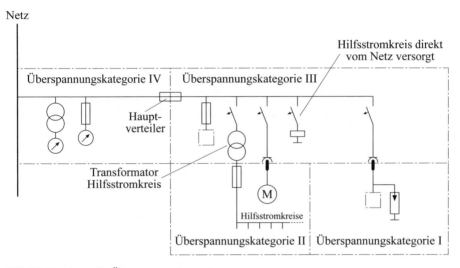

Bild 5.1 Zuordnung der Überspannungskategorien

Elektrische Betriebsmittel von Hilfsstromkreisen, die von einem eigenen (Hilfsstrom-)Transformator versorgt werden, müssen der Überspannungskategorie II entsprechen. Dagegen muss der Transformator, der ja vom Verteilerstromkreis versorgt wird, der Überspannungskategorie III entsprechen. Elektrische Betriebsmittel, wie Schütze, Hilfsschütze, Relais, Ventile oder Taster, in einem Hilfsstromkreis, der direkt vom Hauptstromkreis versorgt wird, müssen ebenfalls der Überspannungskategorie III entsprechen, siehe **Bild 5.1**.

5.2 Spannungswandler

Spannungswandler werden in der Regel immer dort eingesetzt, wo die Spannung zu hoch ist für eine Direktmessung, wenn z. B. in einer HS-Anlage die Spannung zu Mess- oder Schutzzwecken erfasst werden muss. Der Anschluss der Primärseite muss nach den Normen für die HS-Technik (> 1 000 V) erfolgen und die Sekundärseite nach den Normen für die Errichtung von Niederspannungsanlagen (≤ 1 000 V).

5.2.1 Induktive Spannungswandler

Induktive Spannungswandler bestehen aus einem Magnetkern und zwei getrennten Wicklungen. Die Höhe der sekundären Spannung ist abhängig vom Windungsverhältnis des Spannungswandlers zur Primärwicklung und deren Netzspannung:

$$\frac{W_{\text{Primär}}}{W_{\text{Sekundär}}} = \frac{U_{\text{Primär}}}{U_{\text{Sekundär}}}.$$

Die Spannung der Messseite (Sekundärseite) ist in der Regel 100 V und gilt für die jeweilige Nennspannung auf der Primärseite U_0. Bei langen Leitungen zwischen dem Spannungswandler und dem Messgerät wird eine Sekundärspannung von 200 V bei U_0 gewählt. Der Wert der Sekundärspannung von 100 V bzw. 200 V ist repräsentativ für die Spannung Außenleiter gegen Sternpunkt der HS-Seite [26]:

$$U_0 = \frac{U_N}{\sqrt{3}}.$$

Die Anschlussbezeichnungen bei einem einphasigen Spannungswandler erfolgen primärseitig mit Großbuchstaben und sekundärseitig mit Kleinbuchstaben, siehe **Bild 5.2**.

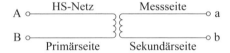

Bild 5.2 Anschlussbezeichnungen eines Einphasen-Spannungswandlers

Leiterquerschnitt

Die Verbindungsleitungen zwischen der Sekundärseite des Spannungswandlers und dem Messinstrument sollten mit einem Querschnitt von 1 mm² oder 1,5 mm² ausgeführt werden. Aus Gründen der mechanischen Festigkeit wird häufig auch ein Leiterquerschnitt von 2,5 mm² gewählt. Bei Leitungslängen > 10 m muss der Leiterquerschnitt berechnet werden [27] und ist abhängig von:

- Leitungslänge,
- Messgenauigkeit,
- Nennspannung,
- Wandlerbelastung.

Erdung

Bei Spannungswandlern, die primärseitig an Hochspannung (> 1 kV) angeschlossen werden, muss die Sekundärseite geerdet sein. Für die Erdverbindung wird ein Leiterquerschnitt von 4 mm² empfohlen. Werden Spannungswandler in Niederspannungsanlagen (< 1 kV) verwendet, ist eine Erdung nicht erforderlich, kann aber aus funktionellen Gründen notwendig sein.

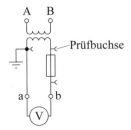

Bild 5.3 Aufbau eines Messstromkreises mit einem induktiven Spannungswandler

Schutzeinrichtung

Der Sekundärkreis ist grundsätzlich abzusichern, wobei die Sicherung in der Nähe des Wandlers angeordnet sein sollte. Werden mehrere unabhängige Messeinrichtungen (z. B. für Zählung, Messwertverarbeitung oder Schutzeinrichtungen) an den Sekundärkreis angeschlossen, sollte für jeden Stromkreis eine eigene Überstromschutzeinrichtung vorgesehen werden. Spannungswandler dürfen während des Betriebs nicht kurzgeschlossen werden. Wird ein Sekundärkreis, z. B. bei einem Mehrfachspannungswandler, nicht verwendet, muss eine der Klemmen der nicht verwendeten Sekundärwicklung geerdet werden.

Prüfbuchsen

Es wird empfohlen, vor und nach jeder Sicherung eine Prüfbuchse zu Messzwecken vorzusehen, siehe **Bild 5.3**.

Ferroresonanz durch Spannungswandler im HS-Netz

Durch den Einbau eines Spannungswandlers in ein Hochspannungsnetz wird eine Induktivität in das Hochspannungsnetz eingebaut. Da ein HS-Netz immer Kapazitäten enthält, kann die Induktivität eines Spannungswandlers mit den HS-Netzkapazitäten einen unkontrollierten Schwingkreis bilden. Dies bedeutet, dass bei Schalthandlungen im HS-Netz eine Überspannung auftreten kann.

Die Auswahl und die Berechnung eines Spannungswandlers müssen deshalb immer vom Planer des HS-Netzes erfolgen.

Ist eine HS-Anlage so optimiert, dass bei Schalthandlungen keine Resonanzen auftreten, kann schon der Austausch eines elektromechanischen Messgeräts an den sekundärseitigen Ausgangsklemmen des Spannungswandlers gegen ein elektronisches Messgerät zu Resonanzen führen, da in der Regel die Bürde für den Spannungswandler durch das neue Messgerät verändert wurde. Mit einer veränderten Bürde verändert sich auch der induktive Anteil des Spannungswandlers und somit die vorherige Optimierung des HS-Netzes. Es können also allein durch den Austausch eines Messgeräts auf der NS-Seite auf der HS-Seite Resonanzen auftreten. Der Effekt kann auch auftreten, wenn ein Messgerät gegen ein anderes Messgerät mit einer anderen Genauigkeitsklasse ausgetauscht wird.

5.2.2   Kapazitive Spannungswandler

Kapazitive Spannungswandler werden zur Spannungsmessung in Hochspannungsnetzen mit hohen Spannungen eingesetzt und bestehen aus Kapazitäten im Primärkreis und aus einem induktiven Wandler, der auch den Sekundärkreis enthält [28].

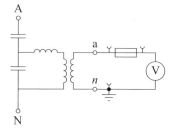

Bild 5.4 Aufbau eines Messstromkreises mit einem kapazitiven Spannungswandler

Beim kapazitiven Spannungswandler wird die Aufteilung der Potentiale zwischen den Kondensatoren genutzt, um für den induktiven Teil des Spannungswandlers primärseitig eine beherrschbare Spannung zur Verfügung zu stellen, siehe **Bild 5.4**.

Die Anforderungen an die Errichtung der Sekundärseite des kapazitiven Spannungswandlers sind die gleichen wie beim induktiven Spannungswandler.

5.3   Stromwandler

Im Gegensatz zu Spannungswandlern, die erst eine Messung im Hochspannungsnetz ermöglichen, werden Stromwandler auch in Niederspannungsanlagen verwendet. Eine Direktstrommessung bedarf einer Verlegung der Hauptstromleitungen zu einem dafür geeigneten Messgerät. Dies ist umständlich und erfordert auch ein höheres Investment. Bei Stromwandlermessungen wird der Messwandler in Reihe mit dem Hauptstrompfad geschaltet, und die Verbindung zur Messeinrichtung kann mit einem kleinen Querschnitt erfolgen, siehe **Bild 5.5**.

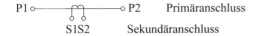

P1 ○——————○ P2   Primäranschluss

S1 S2   Sekundäranschluss

Bild 5.5 Stromwandleranschlüsse

Die Primärwicklung muss für den max. Strom des Hauptstromkreises ausgelegt sein.

Offener Sekundärstromkreis

Stromwandler dürfen niemals mit einem offenen Sekundärstromkreis betrieben werden. Stromwandler, an denen sekundär keine Messeinrichtung angeschlossen ist, müssen bei Betrieb immer kurzgeschlossen sein. Bei Betrieb (mit angeschlossener Messeinrichtung) dürfen Stromwandler nur bis zur max. zugelassenen Bürde durch die Messeinrichtung belastet werden.

Erdung

Stromwandler, die für Messzwecke verwendet werden, sollten sekundärseitig geerdet werden. Bei Messungen in einem HS-Netz muss die Sekundärseite geerdet werden [27]. Für die Erdverbindung wird ein Leiterquerschnitt von 4 mm^2 empfohlen. Werden Spannungswandler in Niederspannungsanlagen (< 1 kV) verwendet, ist eine Erdung nicht erforderlich, kann aber aus funktionellen Gründen notwendig sein. Wird die Sekundärseite eines Drehstromwandlers geerdet, müssen alle drei Sekundärwicklungen als Sternpunkt an einem Ort gemeinsam möglichst in der Nähe des Stromwandlers oder an der ersten gemeinsamen Klemmenstelle geerdet werden, siehe **Bild 5.6**.

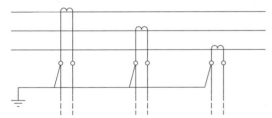

Bild 5.6 Erdung eines Drehstromwandlers

Spezielle Klemmen für den Stromwandler

Werden Stromwandleranschlüsse über Reihenklemmen angeschlossen, müssen spezielle Klemmen (Wandlerklemmen) verwendet werden. Wandlerklemmen verfügen über eine integrierte Kurzschließeinrichtung zur Nachbarklemme, eine eigene Unterbrechungsmöglichkeit und häufig auch über Messbuchsen. An diesen Klemmen kann ein externes Messinstrument angeschlossen werden. Die Klemmen sind in einer Weise anzuordnen, dass bei einer Längstrennung die Kurzschließung (Schaltbrücken) nicht aufgehoben wird, siehe **Bild 5.7**.

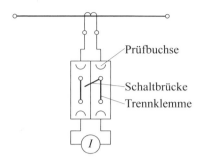

Bild 5.7 Stromwandlerklemmen

Standardwerte für sekundäre Bemessungsströme

Als standardisierte Sekundärstromwerte gibt es 1 A, 2 A oder 5 A. Dies bedeutet, dass bei 100 % Nennstrom auf der Primärseite auf der Sekundärseite ein Strom von 1 A, 2 A oder 5 A fließt, je nachdem, welcher Sekundärnennstrom ausgewählt wurde.

Leiterquerschnitte

Die Bestimmung des Leiterquerschnitts zwischen dem Stromwandler und der Mess-einrichtung ist abhängig von der (Mess-)Leitungslänge und dem gewählten Sekundärstrom. So beträgt die Verlustleistung bei einem 5-A-Stromwandler und einer Leitungslänge von 100 m bei einem Leiterquerschnitt von 1 mm^2 ca. 100 VA. Bei der Verwendung eines 4-mm^2-Leiters reduziert sich die Verlustleistung auf ca. 20 VA, siehe **Bild 5.8**.

bei Wandler-Sekundärstrom

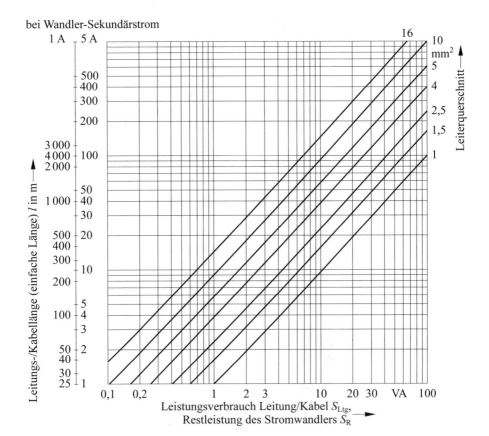

Bild 5.8 Kennlinienblatt zur Bestimmung der Verlustleistung von Leitungen [27]

S_{Ltg} Leistungsverbrauch der Verbindungsleitung in VA,
A Querschnitt der Verbindungsleitung in mm²,
I Belastungsstrom der Leitung (Wandler-Sekundärstrom) in A,
κ Leitfähigkeit (Kupfer bei 35 °C) in Sm⁻¹,
l einfache Leitungslänge in m

Wenn eine Messung bei Nennstrom und Dauerbetrieb vorgenommen wird, kann die Auswahl des Leiterquerschnitts einen wesentlichen Beitrag zur Energieeffizienz sein:

$$S_{Ltg} = \frac{2 \cdot l \cdot I^2}{\kappa \cdot A} \text{ in VA.}$$

5.4 Messverstärker

Konzept von Messverstärkern

Messverstärker wandeln gemeinsam mit den entsprechenden Sensoren nicht elektrische Größen in elektrische Größen um, siehe **Bild 5.9**. Meistens handelt es sich um flüssige oder gasförmige Medien, die überwacht oder geregelt werden müssen. Als Messgrößen werden üblicherweise Temperaturen, Drücke, Fließgeschwindigkeiten oder Dichten erfasst.

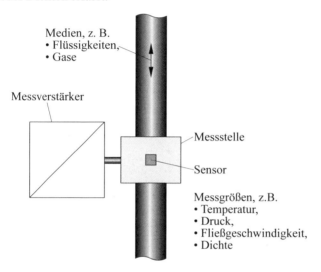

Bild 5.9 Messverstärker zur Erfassung nicht elektrischer Messgrößen

Damit eine Messeinrichtung nicht das Medium in seinem Verhalten beeinflusst, sind Sensoren klein und liefern nur ein „schwaches" Signal. Dieses schwache Signal muss, wenn möglich, „vor Ort" verstärkt werden. Damit eine ausreichende Messgenauigkeit erreicht wird, müssen bestimmte Regeln beachtet werden.

Schirm als Masseverbindung

Der Aufbau einer Messeinrichtung richtet sich nach dem Konzept des Messwertaufnehmers (Sensor). Das Signal eines Sensors ist in der Regel so klein, dass es „vor Ort" verarbeitet werden muss. Doch lassen manchmal die Einbauorte der Sensoren eine Messwertverarbeitung „vor Ort" nicht zu. Beispielhaft ist hier eine Lastmesseinrichtung mit Dehnungsmessstreifen dargestellt, deren Signalverstärkung meistens weiter entfernt in einem Schaltschrank erfolgt, siehe **Bild 5.10**.

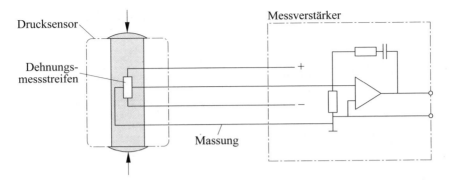

Bild 5.10 Beispiel einer Lastmesseinrichtung mit Massung

In solchen Fällen muss erstens die Massung zwischen dem Sensor und dem Verstärker mit niedriger Impedanz (wegen des Skin-Effekts) hergestellt und zweitens müssen die Signalleitungen mit einem hochwertigen Schirm geschützt werden. Der großflächig angeschlossene Schirm der Signalleitung ist bestens geeignet, auch als Masseverbindung verwendet zu werden. Dieser Schirm darf jedoch an keiner Stelle mit dem Schutzleitersystem verbunden werden.

Massung von Schutzklasse-II-Geräten

Messverstärker verstärken Sensorströme mit geringem Wert, die häufig kleiner sind als 1 mA. Damit die vom Verstärker erfassten Messströme ausreichend und genau erfasst werden können, ist ein Bezugspotential erforderlich. Die Messtechnik basiert auf einem gemeinsamen Potential – der Massung. Dies sagt nichts anderes aus, als dass das Signal des Sensors als auch der Verstärkerausgang das gleiche Potential haben müssen. Diese Massung erfolgt über das jeweilige (leitfähige) Chassis. Die Chassis werden dann leitend miteinander verbunden. Der Verbindungsleiter zwischen den Chassis ist quasi ein Funktionserdungsleiter, darf aber in diesem Fall nicht mit dem Erdungssystem verbunden werden. Das bedeutet, dass der Masseverbindungsleiter isoliert verlegt werden muss.

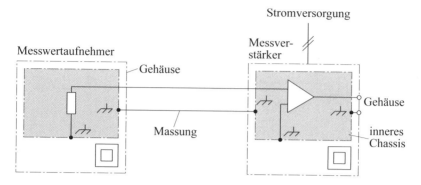

Bild 5.11 Massung einer Messeinrichtung in Schutzklasse-II-Betriebsmitteln

Normalerweise sind sowohl Sensoren als auch Messverstärker in Schutzklasse II ausgeführt. Metallene Gehäuse sowohl von Schutzklasse-II-Geräten als auch deren inneren leitfähigen Teile dürfen nicht mit dem Schutzleitersystem verbunden werden. Dies bedeutet, dass Masseverbindungen isoliert errichtet werden müssen und keine Verbindung zum Schutzleitersystem bestehen darf (siehe Abschnitt 8.4.4 DIN EN 61439-1 (**VDE 0660-600-100**), [29]). Die internen Chassisverbindungen und der externe Anschluss für den „Massungsverbindungsleiter" sind mit dem Symbol $\perp$ [30] zu kennzeichnen und werden engl. als „grounding" bezeichnet, siehe **Bild 5.11**.

6   EMV-Maßnahmen

Durch den vermehrten Einsatz von Leistungselektronik und elektronischen Betriebsmitteln müssen auch bei der Errichtung von Hilfsstromkreisen die elektromagnetischen Phänomene beachtet und berücksichtigt werden. Dabei wird grundsätzlich
zwischen der Störausstrahlung und der Störfestigkeit von elektrischen Betriebsmitteln unterschieden.

Bei der Errichtung von „ortsfesten Anlagen", z. B. Gebäuden, sind in Europa durch
die EMV-Richtlinie einfache EMV-Methoden ausreichend. Messungen in einem La-
bor sind eigentlich nicht möglich. Erstens gibt es keine so großen EMV-Messlabore,
um ein Gebäude darin zu Prüfzwecken aufzustellen, und zweites sind die errichteten
Elektroinstallationen Unikate, und es kann nicht ausgetestet werden, wann die Bau-
teile gestört bzw. zerstört werden.

6.1   Phänomene der EMV

Elektromagnetische Störungen können z. B. Anlagen oder Betriebsmittel der Informationstechnik oder elektrische Betriebsmittel mit elektronischen Bauteilen oder
Stromkreisen negativ beeinflussen oder schädigen.

Blitzableitströme, Schalthandlungen, Kurzschlussströme und andere elektromagnetische Ereignisse können Überspannungen und elektromagnetische Störungen verursachen.

Zu diesen Störungen kommt es,

- wenn große metallische Schleifen (Kopplungsschleifen) vorhanden sind. Schutz-
  potentialausgleichsanlagen, Metallkonstruktionen (eines Gebäudes) oder (metallene) Rohranlagen für nicht elektrische Versorgungseinrichtungen, z. B. für Was-
  ser, Gas, Heizung oder Klimatisierung, können solche Kopplungsschleifen
  (Induktionsschleifen) bilden;

- wenn unterschiedliche elektrische Kabel- und Leitungsanlagen auf unterschiedlichen Wegen (unterschiedlichen Kabel- und Leitungstrassen) verlegt sind, z. B.
  für die Energieversorgung und für Betriebsmittel der Informationstechnik in einem Gebäude.

Die Höhe der in eine Schleife induzierten Spannung hängt von der Stromänderungsgeschwindigkeit (di/dt) des durch Überspannung verursachten Ableitstroms und von
der Größe der Kopplungsschleife ab.

Ebenso können Stromversorgungskabel oder -leitungen, die Ströme mit hohen Stromänderungsgeschwindigkeiten (di/dt) führen – z. B. bei Aufzügen oder bei Strömen,

die von Umrichtern gesteuert werden –, in Kabeln oder Leitungen für Anlagen der Informationstechnik Überspannungen induzieren, die informationstechnische Betriebsmittel beeinflussen oder schädigen können.

6.2 Gesetzliche Rahmenbedingungen

Gesetzliche Rahmenbedingungen

Mit dem „EMV-Gesetz" [31] wurde die europäische „EMV-Richtlinie" [32] in Deutschland umgesetzt. Diese EG-Richtlinie gibt somit in Deutschland gesetzliche Vorgaben, die beachtet bzw. eingehalten werden müssen. Diese EG-Richtlinie enthält auch die Anforderungen an „ortsfeste Anlagen". Zur Konformitätserklärung enthält die EMV-Richtlinie in Abschnitt 19 folgende Aussagen:

Wegen der besonderen Merkmale ortsfester Anlagen ist für sie keine Konformitätserklärung und keine CE-Kennzeichnung erforderlich.

Natürlich kann eine Konformitätserklärung und CE-Kennzeichnung entsprechend einer anderen EG-Richtlinie erforderlich sein, z. B. nach der Niederspannungsrichtlinie (2006/95EG) [33, 34] oder der Maschinenrichtlinie (2006/42/EG) [35, 36].

Im EMV-Gesetz wurde auch festgelegt, dass der Betreiber für die Einhaltung der EMV verantwortlich ist. Im EMVG § 12 (1) steht dazu Folgendes:

Ortsfeste Anlagen müssen so betrieben und gewartet werden, dass sie mit den grundlegenden Anforderungen nach § 4 Abs. 1 und 2 Satz 1 übereinstimmen. Dafür ist der Betreiber verantwortlich. Er hat die Dokumentation nach § 4 Abs. 2 Satz 2 für Kontrollen der Bundesnetzagentur zur Einsicht bereitzuhalten, solange die ortsfeste Anlage in Betrieb ist. Die Dokumentation muss dem aktuellen technischen Zustand der Anlage entsprechen.

Damit der Betreiber seine gesetzlichen Vorgaben erfüllen kann, benötigt er natürlich die Unterstützung durch den Elektrotechniker, siehe auch Kapitel 6.10 dieses Buchs zum Thema EMV-Dokumentation.

Normen zur Einhaltung des EMVG

Da Gesetze und auch EG-Richtlinien nur Ziele und keine technischen Lösungen nennen, ist es zu empfehlen, entsprechende Normen zu berücksichtigen bzw. anzuwenden. Hierzu bietet sich die DIN VDE 0100-444 [37] für die Errichtung von Niederspannungsanlagen an.

In dieser Norm steht im Abschnitt „Anwendungsbereich" folgender Text:

Die Anwendung der von dieser Norm beschriebenen EMV-Maßnahmen kann als ein Teil der anerkannten Regeln der Technik gesehen werden, um elektromagnetische Verträglichkeit der ortsfesten Anlagen zu erreichen, wie durch die EMV-Richtlinie 2004/108/EC gefordert.

Damit stehen dem Elektrotechniker anerkannte technische Methoden zur Errichtung einer elektromagnetisch verträglichen Anlage zur Verfügung.

Für die Auswahl der richtigen Betriebsmittel werden in DIN VDE 0100-510 [38] im Abschnitt 512.1.5 pauschal folgende Aussagen gemacht:

Alle Betriebsmittel sind so auszuwählen, dass sie einschließlich Schaltvorgängen weder schädliche Einflüsse auf andere Betriebsmittel verursachen noch die Versorgung während des normalen Betriebs unzulässig beeinflussen, es sei denn, es werden andere geeignete Vorkehrungen während der Errichtung getroffen.

6.3 Festlegung des (EMV-)Bereichs

Wohn- oder Industriebereich ist bei der Auswahl von elektrischen Betriebsmitteln entscheidend

Bei der Auswahl von elektrischen Betriebsmitteln muss der Einsatzort, also die Umwelt, in der die Elektroinstallation errichtet wird, ermittelt werden. Im Wohnbereich brauchen elektrische Betriebsmittel nur eine geringe Störfestigkeit aufweisen, dürfen aber auch nur eine geringe Störausstrahlung haben. Im Industriegebiet sind höhere Störausstrahlungen zugelassen, siehe **Bild 6.1**. Die elektrischen Betriebsmittel müssen dann aber auch eine höhere Störfestigkeit als im Wohnbereich haben.

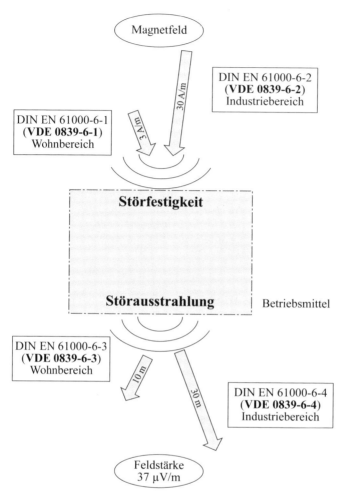

Bild 6.1 Beispiel von Grenzwerten

Wenn elektrische Betriebsmittel verwendet werden, die eine Störausstrahlung für den Wohnbereich und eine Störfestigkeit entsprechend den Anforderungen für den Industriebereich haben, ist eine Auswahl bezüglich einer bestimmten Umwelt nicht mehr notwendig (**Bild 6.2**), da sie in beiden Fällen verwendet werden können.

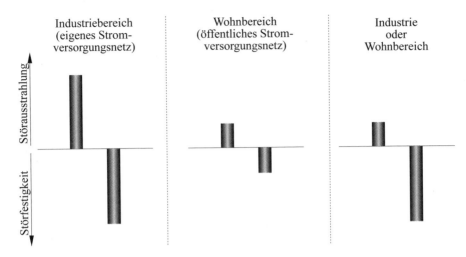

Bild 6.2 Störfestigkeit und Störausstrahlung

6.3.1 Industriebereich

Der Industriebereich und damit die dafür höheren zulässigen Grenzwerte gelten für Elektroinstallationen, sowohl innerhalb als auch außerhalb von Gebäuden, wenn die Stromversorgung auf der Niederspannungsseite von einem eigenen Hochspannungstransformator gespeist wird, siehe **Bild 6.3**.

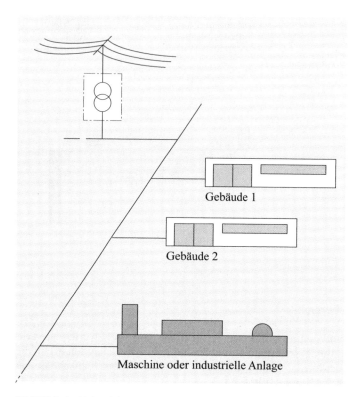

Bild 6.3 Industriebereich

6.3.2 Wohnbereich

Der Wohnbereich und damit die dafür geltenden Grenzwerte gelten für Wohnungen, Geschäfts- und Gewerbebereich und Kleinbetriebe [39, 40]. Hauptmerkmal der Zuordnung als Wohnbereich ist die Art der Stromversorgung. Als Wohnbereich gelten alle Elektroinstallationen, die an das öffentliche Niederspannungsstromversorgungsnetz angeschlossen sind, siehe **Bild 6.4**.

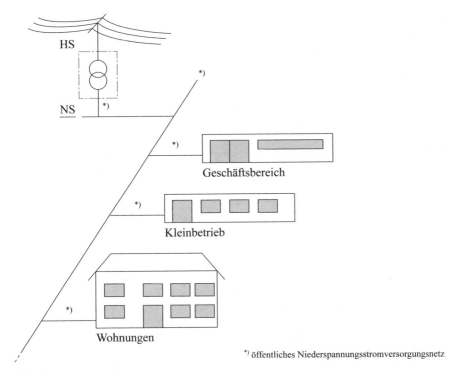

HS

NS

*)

*)

*)
Geschäftsbereich

*)
Kleinbetrieb

*)
Wohnungen

*) öffentliches Niederspannungsstromversorgungsnetz

Bild 6.4 Wohnbereich

6.4   EMV-Anforderungen von Geräteherstellern

Bei jedem elektrischen Betriebsmittel müssen Installations- und Anschlussregeln beachtet werden, die der Hersteller bei der EMV-Prüfung in seinem EMV-Labor ermittelt hat. Diese Regeln müssen den Betriebsanleitungen der Hersteller der elektrischen Betriebsmittel entnommen werden und in die Planung der Elektroinstallation einfließen. Eine tabellarische Dokumentation, in der für jedes elektrische Betriebsmittel die erforderlichen EMV-Installationsanforderungen aufgelistet sind, erleichtert die Planung und hilft bei der Überprüfung, ob die elektrische Installation sachgerecht ausgeführt wurde. Diese Dokumentation ist auch später für den Betreiber hilfreich, wenn später weitere elektrische Anlagen in dem Gebäude errichtet werden, die ggf. andere Installationsmethoden erfordern könnten, siehe EMVG § 12 (1) [31].

Elektrische Betriebsmittel sind gekoppelt mit der Umwelt über das Gehäuse (Körper), der Stromversorgung, der Verbindung zur Erde und ggf. über Signal- und Datenleitung. Über diese Wege, die auch als Tore (engl. ports) bezeichnet werden, erfolgt sowohl die Störausstrahlung als auch die Störbeeinflussung eines Geräts, siehe **Bild 6.5.**

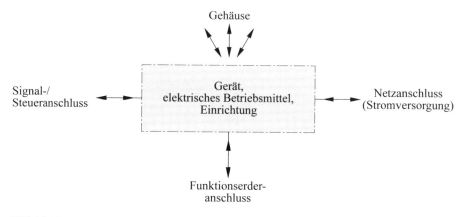

Bild 6.5 EMV-Schnittstellen (Tore) eines Geräts

Die Anforderungen in der Betriebsanleitung eines Herstellers für die Integration eines elektrischen Betriebsmittels können ein Verwendungsverbot für Wohngebiete enthalten oder zusätzliche Einrichtungen erfordern. So sind z. B. Umrichter manchmal in Wohngebieten nicht zugelassen, oder wenn sie dort errichtet werden, müssen zusätzlich Filter vorgesehen werden. Ist ein Gerät für ein bestimmtes Gebiet zugelassen, gibt der Hersteller häufig Anforderungen für eine getrennte Verlegung von Signal- und Steuerleitungen von Leistungskabel/-leitungen oder die Verwendung von geschirmten Leitungen und deren Anschlussmethode (Skin-Effekt) an.

6.5   EMV-Maßnahmen-Checkliste

Mithilfe der EMV-Checkliste (**Tabelle 6.1**) können die von den Betriebsmittelherstellern genannten Anforderungen an die Integration ihrer Produkte in eine Elektroinstallation ermittelt werden. Eine EMV-Checkliste stellt auch sicher, dass Produkte/Betriebsmittel nur für diesen vorgesehenen Bereich verwendet werden. Gibt es vom Hersteller keine Angaben zu einer EMV-gerechten Integration, so sollten auf jeden Fall die Anforderungen der DIN VDE 0100-444 berücksichtigt werden.

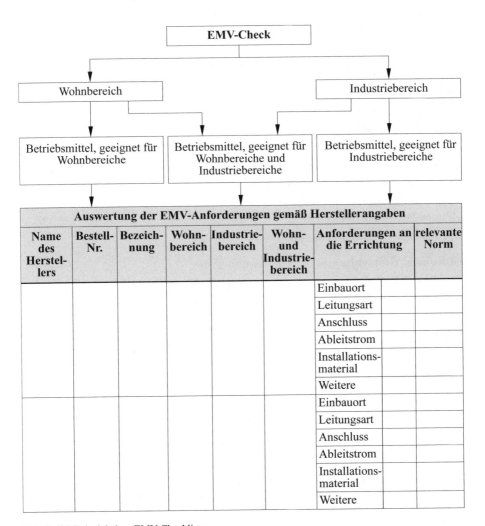

```
                    ┌─────────────────┐
                    │   EMV-Check     │
                    └─────────────────┘
```

EMV-Check

Wohnbereich — **Industriebereich**

Betriebsmittel, geeignet für Wohnbereiche

Betriebsmittel, geeignet für Wohnbereiche und Industriebereiche

Betriebsmittel, geeignet für Industriebereiche

Auswertung der EMV-Anforderungen gemäß Herstellerangaben							
Name des Herstellers	Bestell-Nr.	Bezeich-nung	Wohn-bereich	Industrie-bereich	Wohn- und Industrie-bereich	Anforderungen an die Errichtung	relevante Norm
						Einbauort	
						Leitungsart	
						Anschluss	
						Ableitstrom	
						Installations-material	
						Weitere	
						Einbauort	
						Leitungsart	
						Anschluss	
						Ableitstrom	
						Installations-material	
						Weitere	

Tabelle 6.1 Beispiel einer EMV-Checkliste

6.6 Arten von Kopplungen

Störgrößen breiten sich als Spannungen und Ströme aus und somit als elektrische und magnetische Felder. Sie breiten sich leitungsgeführt und/oder strahlungsgebunden aus. Die Ausbreitung und Kopplung der Störungen ist möglich über:

* galvanische Kopplung,
* induktive Kopplung,
* kapazitive Kopplung,
* Einstrahlung oder Abstrahlung.

Eine galvanische, induktive oder kapazitive Kopplung ist immer abhängig von den Impedanzen der zwei beteiligten Stromkreise:

Z_1 Impedanz des Stromkreises 1,

Z_2 Impedanz des Stromkreises 2.

Störquelle, Störsenke und der Übertragungsweg

Die Werte der Störaussendungen eines Geräts oder Systems (Störquelle) müssen, unter Berücksichtigung des Übertragungswegs, am Ort eines zweiten Geräts oder Systems (Störsenke) unter den Werten ihrer Störfestigkeit liegen.

Eine wichtige Voraussetzung für das Verständnis zur elektromagnetischen Verträglichkeit (EMV) ist die Berücksichtigung, dass jedes Gerät (System) sowohl Störquelle als auch Störsenke sein kann. Nur die Erkenntnis, dass es vier mögliche Kopplungen – galvanische, induktive, kapazitive und Strahlungskopplung – zwischen der Störquelle und der Störsenke gibt, kann zu guten Lösungen für die EMV führen. Der Einfluss der Störquelle auf die Störsenke, unter Berücksichtigung des Übertragungswegs, muss einbezogen und ggf. untersucht werden.

6.6.1 Galvanische Kopplung

Die galvanische Kopplung (**Bild 6.6**) ist eine Kopplung über elektrisch leitfähige Teile. Die leitergebundene Kopplung Z_k ist die Koppelimpedanz. Dabei kann z. B. Z_k die Impedanz des PEN-Leiters sein, wobei Z_1 die Impedanz der angeschlossenen Elektronik ist, die am Potentialausgleich angeschlossen ist.

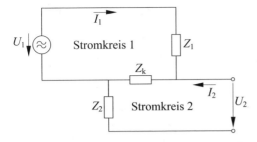

Bild 6.6 Beispiel einer galvanischen Kopplung

6.6.2 Induktive Kopplung

Die induktive Kopplung (**Bild 6.7**) ist eine Kopplung über das magnetische Feld, wobei M_k die Gegeninduktivität ist und meistens zwischen ausgedehnten Elektroinstallationen auftritt.

M_k wird bestimmt vom magnetischen Fluss Φ und vom Leitwert G_m des magnetischen Kreises. Es gilt:

$$u_2 = M_k \cdot \frac{\mathrm{d}i}{\mathrm{d}t}.$$

Die Leiterschleife des Stromkreises 1 induziert in die Leiterschleife des Stromkreises 2 eine Spannung. Diese Spannung u_2 ist abhängig von der Gegeninduktivität M_k und der Stromänderungsgeschwindigkeit $\mathrm{d}i/\mathrm{d}t$.

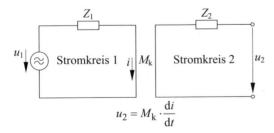

$$u_2 = M_k \cdot \frac{\mathrm{d}i}{\mathrm{d}t}$$

Bild 6.7 Beispiel einer induktiven Kopplung

Je größer die Stromänderung pro Zeiteinheit ist, desto größer ist die induzierte Spannung u_2. Daher müssen große Stromänderungsgeschwindigkeiten, z. B. durch Blitze, bei Umrichtern oder bei Ein- und Ausschaltvorgängen großer Leistungen beachtet werden.

Die induktive Kopplung muss neben der galvanischen Kopplung in Gebäuden mit Informationstechnik besonders beachtet werden.

6.6.3   Kapazitive Kopplung

Die kapazitive Kopplung (**Bild 6.8**) ist eine Kopplung über das elektrische Feld. Dieses wirkt über den dielektrischen Strom auf die Leitung des Stromkreises 2.

Die Koppelkapazität C_k entsteht z. B. zwischen parallel verlegten Leitungen und ist abhängig von der Dielektrizitätskonstante. Bei Einleiterkabeln ist sie größer als bei üblichen mehradrigen Kabeln und Leitungen. Einleiterkabel in Gebäuden sollten deshalb möglichst vermieden werden.

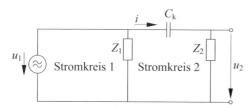

Bild 6.8 Beispiel einer kapazitiven Kopplung

Zwischen ungeschirmten Leiterschleifen sind die induktive und kapazitive Kopplung gleichzeitig vorhanden. Bei Schirmung gegen kapazitive Einflüsse genügt die einseitige Erdung (Verbindung mit dem Potentialausgleich), bei Schirmung gegen induktive Einflüsse muss beidseitig geerdet werden. Die beidseitige Erdung genügt auch den Anforderungen gegen kapazitive Kopplung.

Einstrahlung, Abstrahlung, Strahlungskopplung

Geräte und Anlagen sind gegen hochfrequente Einstrahlungen und Abstrahlungen zu schützen. Es müssen Maßnahmen getroffen werden, die in den Geräten eine notwendige Störfestigkeit gegen Einstrahlungen bewirken und Störaussendungen begrenzen. Angaben des Herstellers von elektrischen Betriebsmitteln zur Integration in eine Installation müssen auch berücksichtigt werden.

6.7   Magnetisches Wechselfeld bei Kabeln und Leitungen

Einleiterkabel

Die Verwendung von Einleiterkabeln, durch die ein Wechselstrom fließt, ist aus EMV-Sicht eine Katastrophe. Einleiterkabel, die um sich herum ein magnetisches Wechselfeld erzeugen, dessen magnetische Flussdichte abhängig von der Größe des Stroms ist und auch alle Frequenzen der Übertragung enthält, gelten als wesentliche Störer.

Mehraderleitungen

Mehrfachleiterkabel sind zwar verdrillt, dies aber in der Regel nur aus Herstellungs- und Verlegungsgründen und aus Gründen der Beweglichkeit bei flexiblen Leitungen. Damit sich die Ströme innerhalb eines Mehraderkabels/einer Mehraderleitung annähernd aufheben, müsste eine Verdrillung zu EMV-Zwecken mit einem viel kürzeren „Schlag" vorgesehen werden, siehe **Bild 6.9**.

Bei Steuerleitungen können Hin- und Rückleiter in der Regel nicht zu einem System zusammengefasst werden. Da jedoch die übertragene Energie in den Steuerleitungen nicht so groß ist, gibt es meistens auch keine magnetischen Störungen und Einkopplungen.

Bild 6.9 Eng verdrillte Leitungen

Ist der Summenstrom in einem Kabel nicht null, weil z. B. vagabundierende Ströme (Streuströme) über leitfähige Teile fließen, hilft auch eine Verdrillung nicht viel. Wird eine Elektroinstallation als TN-C-System betrieben, bei dem der PEN-Leiter mehrfach mit Erde und leitfähigen Teilen eines Gebäudes verbunden ist, dann ist die Summe der Ströme in der Zuleitung zum Unterverteiler mit einem Mehraderkabel/einer Mehraderleitung nicht mehr null, sondern das Kabel/die Leitung ist von einem Magnetfeld umschlossen, wie bei einem Einleiterkabel.

6.8   Vagabundierende Ströme (Streuströme)

Ein Grundsatz für eine EMV-gerechte Installation ist die Zusammenfassung von Hin- und Rückleiter in einem Kabel/einer Leitung einer Stromversorgung. Wenn die Leiter dann noch eng miteinander verdrillt sind, gibt es um dieses Kabel/diese Leitung fast kein magnetisches Wechselfeld. Es müssen alle möglichen vagabundierenden Ströme bewertet und ggf. Gegenmaßnahmen getroffen werden.

Fließen über leitfähige Teile (z. B. Metallkonstruktionen) des Gebäudes vagabundierende Ströme (Streuströme), so entsteht auch um diese leitfähigen Teile ein magnetisches Wechselfeld, wie bei einem Einleiterkabel.

6.9 Entkopplung von elektrischen Anlagen

6.9.1 Entkopplung durch Abstand

Die einfachste Art der Entkopplung von Leistungskabeln mit Signal-/Steuerleitungen oder Kabeln der Informationstechnik ist der Abstand. Gemäß DIN VDE 0100-444 muss der Abstand zwischen Leistungskabel und Signal-/Steuerleitungen oder Kabeln der Informationstechnik ohne trennende Einrichtungen ≥ 200 mm sein, siehe **Bild 6.10**. Häufig ist der Raum aber für die geforderten Abstände der getrennten Verlegung nicht vorhanden. In solchen Fällen müssen trennende Einrichtungen mit Schirmeigenschaften vorgesehen werden.

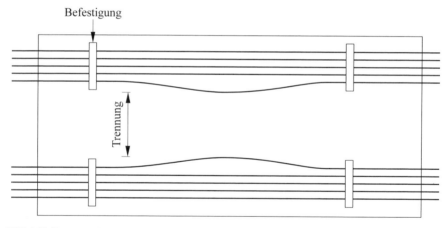

Bild 6.10 Trennung durch Abstand

Bei der Trennung durch Abstand wird vorausgesetzt, dass für jedes Kabel/jede Leitung bereits Schirmungsmaßnahmen vorgesehen wurden. So müssen z. B. Leistungskabel zu einem Drehstromsystem gebündelt und verdrillt sein, und Signal-/Steuerleitungen oder Kabel der Informationstechnik müssen geschirmt und die Schirme an beiden Enden großflächig (Skin-Effekt) mit Erde verbunden sein.

6.9.2 Entkopplung durch Trennung

Bei der Verwendung von metallenen Kabelkanälen können die Abstände zwischen Leistungskabeln/-leitungen, Signal-/Steuerleitungen und Kabeln der Informationstechnik verringert werden, siehe **Tabelle 6.2** und **Bild 6.11**.

a)   b)   c)

Bild 6.11 Kabelkanäle mit unterschiedlicher Schirmwirkung – a) Drahtkorb (Gitterrinne), b) Lochblech, c) geschlossene Wanne (Quelle: Obo-Bettermann)

Die Wärmeabfuhr bei Kabeltragesystemen mit einem Drahtkorb ist besser, doch die Schirmwirkung ist geringer. Es muss bei der Wahl der Abstände zwischen Wärmeabfuhr und Schirmwirkung abgewogen werden. Auch der Zugang für die Verlegung von weiteren Kabeln und Leitungen bei einer Erweiterung muss bei der Festlegung der Abstände betrachtet werden. Die angegebenen Abstände entsprechend Tabelle 6.2 sind Mindestabstände.

ohne Hindernis	bei offenen metallenen Hindernissen	bei gelochten metallenen Hindernissen	bei geschlossenen metallenen Hindernissen
≥ 200 mm	≥ 150 mm	≥ 100 mm	≥ 0 mm
	Maschenweite bis 50 mm × 100 mm	Wandstärke ≥ 1 mm Anteil der Öffnungen ≤ 20 % der Fläche	Wandstärke ≥ 1 mm

Tabelle 6.2 Trennungsabstände in Abhängigkeit der Art von magnetischen Hindernissen

Es können Leistungskabel/-leitungen mit Kabeln der Informationstechnik in einem Kabelkanal verlegt werden, wenn zwischen den unterschiedlichen Leitungen ein metallener Trennsteg eingebaut ist, siehe **Bild 6.12**.

Bild 6.12 Kabelkanal mit Trennsteg
(Quelle: Obo-Bettermann)

Bei der räumlichen Positionierung von Signal-/Steuerleitungen oder Kabeln der Informationstechnik innerhalb eines Kabelkanals sollten immer die Querschnitts-flächen eines Kabelkanals mit der höchsten Schirmwirkung genutzt werden, siehe **Bild 6.13**.

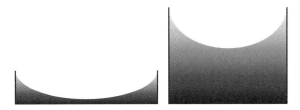

Bild 6.13 Querschnittsflächen mit der höchsten Schirmwirkung

Kabelkanäle mit Deckeln

Werden Kabelkanäle aus Abschirmungsgründen mit einem Deckel verschlossen, muss der Deckel mindestens an beiden Enden mit einem Band von max. 10 cm Länge mit einem Mindestquerschnitt von $\geq 2,5$ mm^2 mit dem Kabelkanal verbunden werden. Grundsätzlich sollte über die gesamte Länge des Deckels eine gut leitende Verbindung mit dem Kabelkanal angestrebt werden.

Kreuzen von Leistungskabeln mit Signal-/Steuerleitungen oder Kabeln der Informationstechnik

Kreuzen sich Verlegewege von Signal-/Steuerleitungen oder Kabeln der Informationstechnik mit Leistungskabeln, muss das Kreuzen in einem Winkel von 90° erfolgen, damit sich die „parallele" Leitungsführung auf ein Minimum begrenzt. Die 90°-Lage darf erst wieder verlassen werden, wenn der Mindestabstand, in Abhängigkeit von der verwendeten Art des Kabelkanals (Schirmwirkung), entsprechend Tabelle 6.2 erreicht ist.

Kabeltragesysteme und Kabelpritschen dürfen gemäß DIN VDE 0100-540 [41] als Schutzleiter oder Schutzpotentialausgleichsleiter nicht verwendet, müssen so häufig wie möglich in den Schutzpotentialausgleich mit eingebunden und mindestens an beiden Enden mit Erde verbunden werden. Alle Abschnitte müssen untereinander

98

elektrisch verbunden sein. Dies kann durch die Konstruktionen der Kabelkanäle selbst erfolgen, oder die Teilstücke eines Kabelkanals müssen mit Hilfsmitteln miteinander verbunden werden. Diese Verbindung muss für hohe Frequenzen geeignet sein. Der Skin-Effekt ist zu beachten. Kabeltragesystem sollten mittig oder alle 25 m mit dem Schutzpotentialausgleichssystem verbunden werden. Beim Übergang der Kabel und Leitungen vom Kabeltragesystem zum Schaltschrank sollten die Kabelkanäle mithilfe von niederimpedanten Verbindungen mit der Schirmschiene des entsprechenden Schaltschranks verbunden werden. Parallel verlaufende Kabeltragesysteme sollten auch untereinander niederimpedant miteinander verbunden werden, siehe **Bild 6.14**.

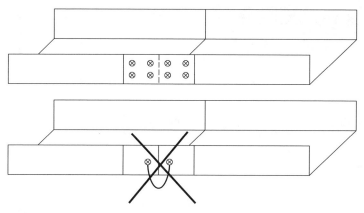

Bild 6.14 Großflächige Verbindungsteile anstatt einer Leitung

Müssen Kabeltrassen durch eine Brandschutzmauer verlegt werden, so müssen die Kabeltragesysteme in der Regel unterbrochen und dürfen nicht durch die Mauer weitergeführt werden. Das unterbrochene Kabeltragesystem muss jedoch niederimpedant miteinander verbunden werden. In solchen Situationen sollten flexible Kupferbänder verwendet werden, die großflächig die Kabelkanäle durch die Brandschottung miteinander verbinden, siehe **Bild 6.15**.

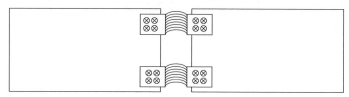

Bild 6.15 Verbindungen eines Kabelkanals mit niedriger Impedanz

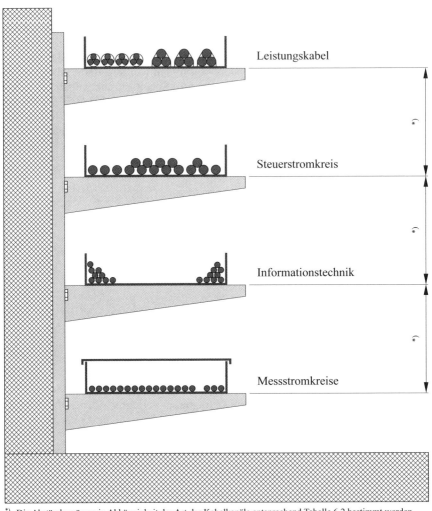

Leistungskabel

Steuerstromkreis

Informationstechnik

Messstromkreise

*) Die Abstände müssen in Abhängigkeit der Art der Kabelkanäle entsprechend Tabelle 6.2 bestimmt werden.
Die Abstände gelten für Frequenzen von DC bis AC 400 MHz und bis zu einem Gesamtstrom von ≤ 600 A.

Bild 6.16 Aufbau eines Kabeltragesystems

Leitungen mit der höchsten Erwärmung sollten unter Berücksichtigung der Thermik für die oberste Lage vorgesehen werden, siehe **Bild 6.16**. Aus Gewichtsgründen kann die unterste Lage für die schwereren Leistungskabel die bessere Lösung sein. Bei der Festlegung für Verwendung der Lagen sind neben den EMV-Anforderungen also noch weitere Anforderungen zu berücksichtigen. Die Reihenfolge muss aus EMV-

Gründen jedoch immer eingehalten werden. Die Abstände zwischen den Lagen gelten bis zu einem Gesamtstrom von ≤ 600 A im gesamten Kabeltragesystem. Bei höheren Gesamtströmen müssen die Abstände vergrößert werden.

6.9.3 Entkopplung durch Schirmung

Ein Schirm sollte grundsätzlich durchgängig unterbrechungsfrei verlegt sein, und wenn möglich, auch zwischendurch geerdet werden.

Schirme sollten grundsätzlich bei der Einführung in ein Betriebsmittel oder in einen Schaltschrank großflächig mit Erde verbunden werden. Bei Steckverbindungen darf der Schirm nicht über Steckerpins, sondern grundsätzlich über das metallene Steckergehäuse geführt werden. Bei Kunststoffsteckverbindungen sollte die Steckverbindung auf einer metallenen Platte fixiert und die Schirme beiderseits der Steckverbindung großflächig mit dieser Platte verbunden werden.

Skin-Effekt beachten

Der Skin-Effekt (Haut-Effekt) bewirkt, dass, je höher die Frequenz eines Stroms ist, der durch einen Leiter fließt, desto geringer der genutzte Querschnitt des Leiters (Eindringtiefe) oder des leitfähigen Teils wird, siehe **Bild 6.17** und **Tabelle 6.3**.

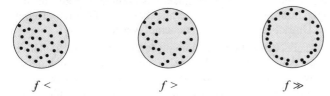

$f <$ $f >$ $f \gg$

Bild 6.17 Skin-Effekt in einem Leiter

Bei der Ableitung von hochfrequenten Strömen oder bei einer Verbindung mit Erde für hohe Frequenzen muss dieser Effekt unbedingt berücksichtigt werden, z. B. durch großflächigen Anschluss eines Schirms mit dem Gehäuse (Körper).

Frequenz	Eindringtiefe bei Cu
50 Hz	≈ 9 mm
1 kHz	≈ 2 mm
100 kHz	≈ 200 μm
1 MHz	≈ 66 μm

Tabelle 6.3 Eindringtiefe des Stroms in einem Leiter in Abhängigkeit der Frequenz

Dies bedeutet, dass bereits bei einer Frequenz von 50 Hz ein Kupferleiter eine Vergrößerung des Leiterdurchmessers von > 18 mm zu keiner Verringerung der Strom-

101

dichte führt und damit auch keine Reduzierung der Verlustwärme erreicht wird. Dieser Effekt tritt natürlich auch bei Kupferschienen auf.

Bei Anschlüssen von Schirmen und Potentialausgleichsverbindungen sowie bei der Massung von leitenden Teilen bei der HF-Technik muss dieser Effekt beachtet werden.

6.9.3.1   Arten von Schirmen

Bei der Verwendung von geschirmten Leitungen sollte auf die Qualität des Schirms geachtet werden. Einfache Schirme haben geringere Schirmwirkung als aufwendigere Schirme. Einfache Schirme, z. B. gewickelte Folien, haben z. B. bei 100 MHz praktisch keine Schirmwirkung mehr und sind für Datenkabel ungeeignet. Folgende Schirmausführungen sind am Markt erhältlich:

- gewickelte Folie mit Beidraht (Schirmwirkung nur bei niedrigen Frequenzen),
- Einfachgeflecht (Schirmwirkung vorhanden),
- Doppelgeflecht (verbesserte Schirmwirkung) [*],
- Doppelgeflecht mit eingelegter magnetischer Folie (beste Schirmwirkung) [*].

Geschirmte Leistungskabel, -leitungen (**Bild 6.18**) dürfen an Umrichtern nur mit einer begrenzten Gesamtlänge angeschlossen werden, da die Kapazitäten der Schirme die gepulste Ausgangsspannung beeinflussen. Bei der Planung der geschirmten Leistungskabel, -leitungen müssen die Herstellerangaben für die max. Kabel-/Leitungsgesamtlänge des Umrichter-Lieferanten beachtet werden.

Der Schirm eines Leistungskabels/einer Leistungsleitung darf nicht als Schutzleiter verwendet werden, obwohl der Schirm mit dem Schutzleitersystem/Schutzpotentialausgleichssystem verbunden wird. Auch die Anforderungen an Mindestquerschnitt und Kennzeichnungspflicht (grün/gelb über die gesamte Länge) können nicht erfüllt werden.

Bild 6.18 Leistungskabel mit Schirmgeflecht (Quelle: Obo-Bettermann)

---

[*]   Bei Schirmen mit Doppelgeflecht (Triax-Kabel) sollte der äußere Schirm beidseitig großflächig und der innere Schirm einseitig angeschlossen werden.

6.9.3.2 Anschlüsse von Schirmen

Bei der Montage von geschirmten Kabeln und Leitungen muss darauf geachtet werden, dass die Schelle, die auf den Schirm drückt, die gleiche Form und Abmessung hat wie der Schirm. Eine Verformung des Schirms bei der Befestigung/dem Anschluss ist nicht zugelassen (**Bild 6.19**), und es sollte nur „handfest angezogen" werden. Schirmschienen dürfen Kabelabfangschienen nicht ersetzen. Die Fixierung/ Kontaktierung des Schirms darf nicht zu einer asymmetrischen Form des Schirms um die zu schirmenden Leitungen führen [42].

Bild 6.19 Ungeeigneter Anschluss eines Schirms mit Quetschung

Schirme, insbesondere bei Koaxialkabeln, verlieren einen Teil ihrer Schirmwirkung, wenn der zu schützende Leiter nicht im Zentrum des Schirmmantels liegt. Bei der Montage müssen die minimal zulässigen Biegeradien von geschirmten Leitungen ebenfalls beachtet werden. Dies gilt auch für die Verlegung in Kabelkanälen, wenn die Kabelkanäle um eine Ecke verlegt werden.

Ein Verdrehen von geschirmten Leitungen, insbesondere beim unkontrollierten Abrollen von einer Kabeltrommel bei der Verlegung, kann zu einer Verformung des Schirms führen. Das Aufwickeln und Deponieren von Restlängen einer geschirmten Leitung in einem Kabelkanal mit vielleicht zu geringen Biegeradien kann zur Deformierung des Schirmquerschnitts führen. Dieser Montagefehler tritt häufig bei steckerfertigen konfektionierten Kabeln/Leitungen auf.

6.9.3.3   Erdung von Schirmen

In der analogen Regelungstechnik wurden Schirme einseitig geerdet und vom gemeinsamen Erdungspunkt strahlenförmig verlegt. Dies hatte neben der Schirmwirkung den Vorteil, dass über die Schirme keine Ausgleichsströme fließen konnten. Diese Methode hat jedoch in der Regel nur bis ca. 16 kHz eine Schirmwirkung. Bei höheren Frequenzen, wie sie heute üblich sind, muss, wenn eine Schirmwirkung entstehen soll, beidseitig geerdet werden und das mit einer niedrigen Impedanz, da solche Verbindungen hohe Frequenzen ableiten sollen. Der Nachteil der beidseitigen Verbindung ist, dass mit dem Schirm unterschiedliche Potentiale überbrückt werden können. In solchen Fällen können dann über den Schirm Ausgleichsströme fließen.

Das Verrödeln von Schirmgeflechten an den Enden einer geschirmten Leitung zu einem Zopf (engl. pigtail) für einen Anschluss verringert die Oberfläche des Schirms erheblich und reduziert den zur Stromführung von hohen Frequenzen zur Verfügung stehenden Querschnitt, siehe **Bild 6.20**. Solche Verbindungen werden häufig in Steckern hergestellt, was zusätzlich zu erhöhter Erwärmung führt, da der hochfrequente Widerstand sich im Stecker befindet und zu einer Brandgefahr werden kann.

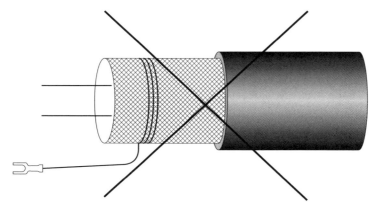

Bild 6.20 Ungeeigneter Anschluss eines Schirms

Bei der Kabeleinführung in ein metallenes Gehäuse/einen metallenen Schaltschrank mit speziellen Kabelverschraubungen mit Erdungseinsatz kann der Schirm niederimpedant mit dem Gehäuse verbunden werden. Bei dieser Methode wird der Schirm in seinem Gesamtumfang großflächig mit dem Gehäuse verbunden, siehe **Bild 6.21**.

Bild 6.21 EMV-Kabelverschraubung ohne Schirmunterbrechung
(Quelle: Jacob GmbH)

Reserveadern

Reserveadern von Signal-/Steuerleitungen oder Kabeln der Informationstechnik sollten zur Steigerung der Schirmwirkung an beiden Enden ebenfalls geerdet werden. Überflüssige Leitungslängen bilden unnötig Koppelkapazitäten und -induktivitäten und sind zu vermeiden. Eine enge Leitungsführung an geerdeten Metallflächen verringert Störeinkopplungen.

Schirmanschlüsse in einem Schaltschrank, in dem geschirmte Leitungen eingeführt werden, müssen geplant werden, und der benötigte Anschlussraum muss vorhanden und ausreichend sein, siehe **Bild 6.22**. Auch Leitungsverbindungen innerhalb eines Schaltschranks sollten in einer geschirmten Leitung von der Eingangsklemme des Schaltschranks bis zu den elektrischen Betriebsmitteln verlegt werden. Diese „internen" geschirmten Leitungen müssen natürlich auch zusätzlich in der Nähe der Betriebsmittel großflächig geerdet werden.

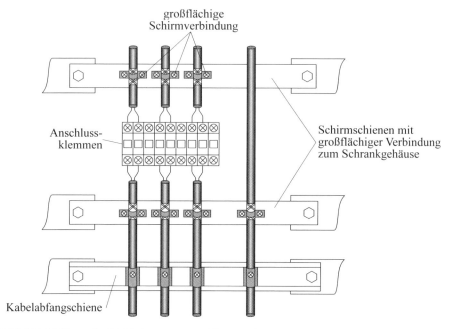

großflächige
Schirmverbindung

Anschluss-
klemmen

Schirmschienen mit
großflächiger Verbindung
zum Schrankgehäuse

Kabelabfangschiene

Bild 6.22 EMV-gerechte Verbindungen von geschirmten Leitungen

6.9.3.4   Entlastungsleiter für Schirme

Der in diesem Buch behandelte Entlastungsleiter ist immer ein Potentialausgleichsleiter; so könnte dieser Leiter auch „Entlastungspotentialausgleichsleiter" heißen.
Die Kurzform ist jedoch bei der Behandlung dieser Thematik leichter handhabbar.
Entlastungsleiter in Gebäuden sind dem „zusätzlichen Potentialausgleich" zuzuord-
nen. Entsprechende Begriffe werden im IEV 195 behandelt:

IEV 195-02-16, Funktionspotentialausgleichsleiter:
„Leiter zur Herstellung des Funktionspotentialausgleichs".

Für den Entlastungsleiter des Schirms zwischen Gebäuden oder Bereichen von Anlagen ist im IEV 195 definiert:

IEV 195-02-29, Parallelerdungsleiter:
„Üblicherweise entlang der Kabelstrecke verlegter Leiter, der dazu vorgesehen ist,
eine Verbindung mit kleiner Impedanz zwischen den Erdungsanlagen an den Enden
der Kabelstrecke herzustellen."

106

Auch in IEV 826-13-13 ist der parallele Erdungsleiter definiert:

„Leiter entlang einer Kabelstrecke, der dazu vorgesehen ist, eine Verbindung mit kleiner Impedanz zwischen den Erdungsanlagen an den Enden der Kabelstrecke herzustellen."

Die Praxis zeigt, dass auch zwischen dicht benachbarten Gebäuden (z. B. in Reihenhausanlagen) Potentialdifferenzen bestehen können, die über die Schirme der Signalkabel „ausgeglichen" werden. Diese Potentialdifferenzen sind beim Anschließen oder Abklemmen von Schirmen häufig beobachtet worden.

Die Potentialdifferenzen sind abhängig von der Netzform (System) der Stromversorgung für diese Gebäude. Beim TT-System kann es eine höhere Potentialdifferenz zwischen den Fundamenterdern geben, beim TN-C-System weniger, jedoch abhängig von der Belastung des PEN-Leiters (Spannungsausgleichsvorgänge); beim TN-S-System gibt es ideale Verhältnisse: einen Schutzleiter (PE), der betriebsmäßig (nahezu) keinen Strom führt (**Bild 6.23**).

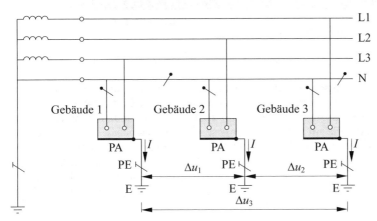

Bild 6.23 TT-System mit getrennten Fundamenterdern

Zwischen den Fundamenterdern der einzelnen Gebäude bestehen Spannungsunterschiede (Potentialdifferenzen). Die Spannungsunterschiede (Potentialdifferenzen Δu) entstehen durch Fehlerströme oder durch Ableitströme I (Schutzleiterströme) I.

107

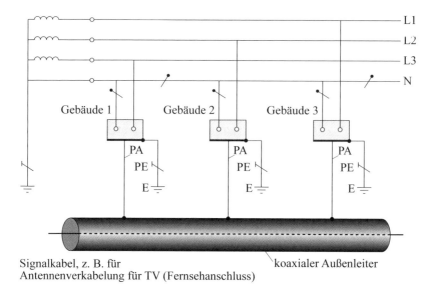

Signalkabel, z. B. für
Antennenverkabelung für TV (Fernsehanschluss)

koaxialer Außenleiter

Bild 6.24 TT-System mit (ursprünglich) getrennten Fundamenterdern, verbunden durch ein Signalkabel

Der Schirm von Leitungen, z. B. der Telekommunikation oder Kabelfernsehen, wird zum Potentialausgleichsleiter zwischen den Gebäuden, siehe **Bild 6.24**. Aus Gründen der EMV dürften TT-Systeme nur noch mit gemeinsamen Fundamenterder für alle Körper und auch für alle am selben Netz angeschlossenen Gebäude angewendet werden – doch dann kann man auch gleich ein TN-S-System anwenden. Bei geschlossener Bebauung, bei denen die Fundamenterder der Gebäude miteinander gekoppelt sind, gibt es fast keine „local earth electrodes" (Einzelerder) mehr; auch durch die Vielzahl von Signalkabel mit Schirm oder koaxialem Außenleiter werden die „local earth electrodes" miteinander verbunden.

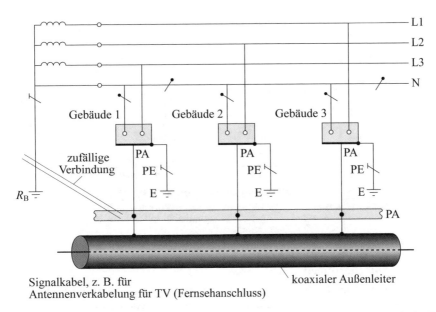

Signalkabel, z. B. für
Antennenverkabelung für TV (Fernsehanschluss)

koaxialer Außenleiter

Bild 6.25 TT-System mit (ursprünglich) getrennten Fundamenterdern, die zufällig durch leitfähige Teile miteinander verbunden sind

Beim TT-System mit (ursprünglich) getrennten Fundamenterdern, die zusätzlich zu parallelen Signalkabeln, TV-Anschluss und parallelem Entlastungsleiter (PA) noch weitere zufällige Verbindungen (z. B. durch eine Wasserleitung aus Metall oder durch eine Metallbewehrung eines Kabels zwischen PA und dem Betriebserder R_B) haben, kann auch aus einem TT-System ein TN-S-System werden lassen, siehe **Bild 6.25**.

Aus Sicherheitsgründen müsste parallel zum koaxialen „Außenleiter" ein zusätzlicher Leiter (PA) verlegt werden. Ein Inselbetrieb ist unrealistisch; er wird durch die Schirme der Signalverkabelung aufgehoben.

Für ein IT-System gelten analog die Argumente, d. h., ein IT-System mit Potentialausgleich zwischen allen Körpern der elektrischen Betriebsmittel dieses Systems ist EMV-gerecht. Für das IT-System mit getrennten Fundamenterdern der Körper gelten dieselben Argumente wie für das TT-System mit getrennten Fundamenterdern.

Bezüglich EMV hat das TN-S-System gegenüber dem TT-System den Vorteil einer definierten „Fehlerschleife" .

Aus **Bild 6.26** geht hervor, dass durch das Signalkabel – genauer durch dessen Schirm und die Entlastungsleiter (Potentialausgleichsleiter) – aus einem ursprünglichen TT-System ein TN-S-System wird.

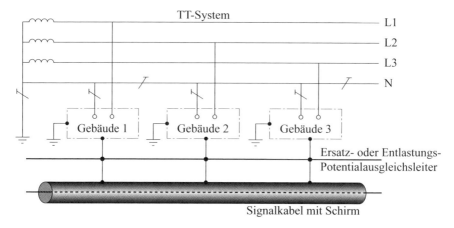

Bild 6.26 Beispiel für einen Ersatz- oder Potentialausgleichsleiter im TT-System

Normative Anforderungen

Da die Schirmwirkung bei höheren Frequenzen erst dann einsetzt, wenn ein Schirm beidseitig mit Erde verbunden wird und die Verbindung niederohmig (mit niedriger Impedanz) ist, kann ein Schirm unterschiedliche Potentiale überbrücken, wodurch über diesen Schirm Potentialausgleichsströme fließen. Dies führt zur Erwärmung und sogar zur Zerstörung des Schirms und letztendlich auch der Leitung. DIN VDE 0100-444 fordert deshalb in solchen Fällen die Errichtung eines parallelen Schutzpotentialausgleichsleiters, siehe **Bild 6.27**. Ist dies nicht erlaubt, muss diese geschirmte Leitungsverbindung durch eine galvanisch trennende Verbindung ersetzt werden, z. B. durch die Verwendung von Lichtwellenleitern (LWL).

Bild 6.27 Paralleler Potentialausgleichsleiter als Schirmentlastungsleiter

Wenn unabhängige nicht gekoppelte Fundamenterder von Gebäuden durch einen beidseitig geerdeten Schirm einer Signal-/Steuerleitung oder Kabel der Informationstechnik miteinander verbunden werden, muss ein zum Schirm parallel verlegter Potentialausgleichsleiter verlegt werden. Dieser Ausgleichsleiter muss mindestens die gleiche Impedanz wie der Schirm haben. Um den Skin-Effekt zu berücksichtigen, sollte der Durchmesser des Potentialausgleichsleiters mindestens den gleichen Durchmesser haben wie der Schirm, siehe **Bild 6.28**.

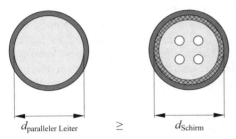

$d_{\text{paralleler Leiter}}$ $\geq$ d_{Schirm}

Bild 6.28 Durchmesser des parallelen Schirmentlastungsleiters

6.9.3.5 Leiterschleifen durch Erdung von Schirmen

Installationsschleifen oder parallel geführte Leitungen koppeln elektromagnetische Störfelder, in denen dann eine Störspannung induziert wird. Alle vagabundierenden Ströme in einer Elektroinstallation und alle um den Ableitstrom reduzierten Leitungen von Wechselstromleitungen liefern Störfelder, die dann von solchen Leiterschleifen aufgefangen werden. Auch Blitzeinschläge erzeugen in Leiterschleifen erhebliche Schleifenströme.

Je größer die Fläche, die eine Leiterschleife umschließt, desto größer ist auch ihre Kopplung mit magnetischen Feldern, durch die eine Störspannung in die Leiterschleife induziert wird, siehe **Bild 6.29**.

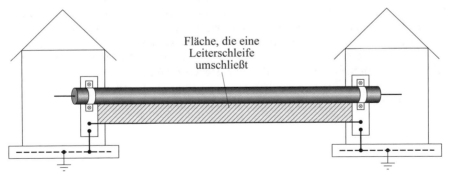

Fläche, die eine
Leiterschleife
umschließt

Bild 6.29 Querschnitt einer Leiterschleife

In einigen Fällen muss abgewogen werden, ob die bei der Installationsplanung entstandene Leiterschleife unumgänglich ist oder andere Gegenmaßnahmen getroffen werden müssen.

Beispiel: Führt der Schutzleiter eines Betriebsmittels einen Ableitstrom von > 10 mA, so muss entweder der Schutzleiter einen Mindestquerschnitt von 10 mm^2 Cu haben oder ein zweiter unabhängiger Schutzleiter mit gleichem Querschnitt und eigener Anschlussklemme muss vorgesehen werden. Alternativ kann auch eine Schutzleiterüberwachung vorgesehen werden oder der Ableitstrom wird „vor Ort" mittels eines Trenntransformators abgeleitet. Sollte die Lösung mit dem zweiten parallelen Schutzleiter gewählt werden, so stellt dieser zweite Leiter eine Redundanz zu Schutzzwecken mit dem ersten Schutzleiter dar und sollte eigentlich auf einen anderen Weg verlegt werden, damit ein Ereignis nicht beide Schutzleiter gleichzeitig zerstört bzw. unterbricht. Würde diese Lösung gewählt, hat man unter Umständen eine große Leiterschleife errichtet.

Leitungen der Stromversorgung sollten zur Vermeidung von Schleifenbildung möglichst eng und parallel mit Leitungen der Informationstechnologie verlegt werden. Doch es entspricht nicht dem Grundprinzip der EMV, dass solche Leitungen möglichst mit einem geringen Abstand verlegt werden. Durch geschickte Auswahl und Kombination von Schirmungsmaßnahmen kann aber in der Regel eine gewünschte enge und parallele Leitungsführung ermöglicht werden, siehe **Bild 6.30**.

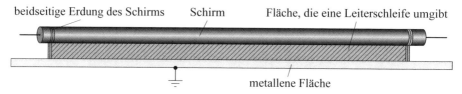

Bild 6.30 Leiterschleife parallel zu einer metallenen Fläche

Leiterschleifenbildung durch verschiedene Stromversorgungen

Beim Anschluss von Betriebsmitteln mit der Stromversorgung und der Signalleitung können Leiterschleifen entstehen. Durch sorgfältige Planung können solche Schleifen verhindert bzw. reduziert werden. Die Verwendung von Betriebsmitteln der Schutzklasse II erspart z. B. den Schutzleiteranschluss und vermeidet eine Leiterschleife mit dem Schirm der Signalleitung, siehe **Bild 6.31**.

Zur Verkleinerung von Leiterschleifen müssen Planer der Elektroinstallation mit Planern der Daten- und Telekommunikation zusammenarbeiten.

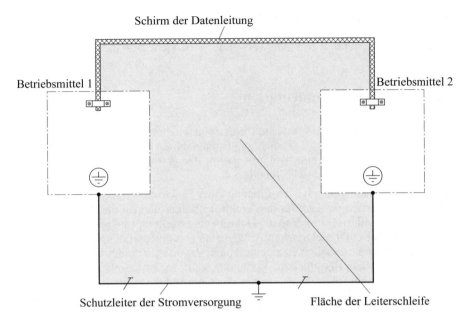

Bild 6.31 Große Leiterschleife durch falsche Verlegung

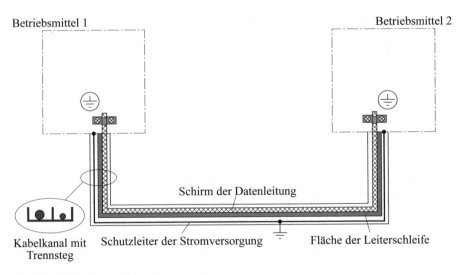

Bild 6.32 Kleine Leiterschleife durch gute Planung

Die Kabel/Leitungen für die Stromversorgung können gemeinsam mit den Signal-/Steuerleitungen oder Kabeln der Informationstechnik denselben Installationsweg nutzen, wenn die richtige Trennung verwendet wird, siehe **Bild 6.32**.

6.10   EMV-Dokumentation

Zum Nachweis einer EMV-gerechten Elektroinstallation und auch für die Störersuche bzw. Optimierung von Störfestigkeitsmaßnahmen bei in Betrieb befindlichen elektrischen Anlagen ist eine Dokumentation der getroffenen EMV-Maßnahmen gesetzlich vorgeschrieben, siehe Tabelle 6.4.

Da alle EMV-Maßnahmen bei der Planung einer Elektroinstallation festgelegt werden müssen, werden sie auch für den Elektrotechniker und für die Planer des Bauwesens dokumentiert. Damit sind die Dokumente erstellt und stehen zur Verfügung. Da der Betreiber einer elektrischen Anlage eine Dokumentation den Behörden auf Verlangen vorlegen muss, ist es zu empfehlen, dass der Errichter der Anlage seine Dokumentation dem Betreiber zur Verfügung stellt. In der Regel reicht ein Inhaltsverzeichnis darüber, in welchen Ordner der Gesamtdokumentation unter welcher Lasche welche EMV-Dokumente abgelegt sind. Eine eigenständige zusätzliche EMV-Dokumentation braucht deshalb nicht extra erstellt werden.

Da in der Regel der Betreiber neben der fest errichteten Elektroinstallation auch noch weitere Systeme, Geräte/Betriebsmittel nach der Errichtung zusätzlich verbauen kann, muss der Betreiber auch diese Errichtung in seine EMV-Dokumentation zu einer Gesamtdokumentation zusammenfügen. Insbesondere die Installation von Kommunikationseinrichtungen, per Draht oder Funk (WLAN), sowie Einrichtungen der Informationstechnologie müssen in der Gesamtdokumentation des Betreibers enthalten sein.

Es kann vorkommen, dass eine errichtete Elektroinstallation aus EMV-Sicht optimal funktioniert, doch bei der Errichtung von zusätzlichen Einrichtungen durch andere Installationen gestört wird oder die vorhandene Elektroinstallation neu hinzugekommene Einrichtungen stören kann. Für solche Situationen ist dann eine EMV-Dokumentation hilfreich.

Folgende Gesetze, EG-Richtlinien und Normen legen Anforderungen für die EMV-Dokumentation fest:

Bei Betrieb einer ortsfesten Anlage ist die Benennung einer Person gesetzlich gefordert.

EG-Richtlinie 2004/108/EG, Kapitel III Artikel 13 (3)

Die Mitgliedsstaaten erlassen die erforderlichen Vorschriften für die Benennung der Person oder der Personen, die für die Feststellung der Konformität einer ortsfesten Anlage mit den einschlägigen grundlegenden Anforderungen zuständig sind.

In Deutschland wurde mit dem EMV-Gesetz die EMV-Richtlinie wie folgt umgesetzt:

EMVG § 12 (1)

Ortsfeste Anlagen müssen so betrieben und gewartet werden, dass sie mit den grundsätzlichen Anforderungen nach § 4 Abs. 2 Satz 1 übereinstimmen. Dafür ist der Betreiber verantwortlich. Er hat die Dokumentation nach § 4 Abs. 2 Satz 2 für Kontrollen der Bundesnetzagentur zur Einsicht bereitzuhalten, solange die ortsfeste Anlage in Betrieb ist. Die Dokumentation muss dem aktuellen technischen Zustand der Anlage entsprechen.

Mit dem EMV-Gesetz wird der Betreiber in die Pflicht genommen, da die ortsfeste Anlage nicht nur aus der errichteten Elektroinstallation besteht, sondern auch über andere weitere integrierte Systeme oder Betriebsmittel/Produkte, die entweder vom Betreiber selber oder durch andere Lieferanten/Errichter mit der Installation verbunden oder in derselben ortsfesten Anlage betrieben werden. Im EMV-Gesetz sind im § 4 folgende Anforderungen festgelegt.

EMVG § 4 (2), 2. Satz:

Die zur Gewährleistung der grundlegenden Anforderungen angewandten allgemeinen anerkannten Regeln der Technik sind zu dokumentieren.

Die Bundesnetzagentur hat für ortsfeste Anlagen einen Leitfaden herausgegeben. In dem Leitfaden wird auch festgelegt, wer welche Dokumente erstellen bzw. liefern sollte.

Leitfaden zur Dokumentation der Bundesnetzagentur 8. Absatz, 2. Satz:

Die Übereinstimmung mit grundlegenden Anforderungen einer ortsfesten Anlage kann durch:
- *den Planer,*
- *den Hersteller,*
- *den Errichter oder*
- *demjenigen, der die elektromagnetischen Eigenschaften einer Anlage im Rahmen der Instandsetzung, Wartung, Umbau oder Erweiterung verändert, festgestellt und dokumentiert werden.*

Entsprechend dem Leitfaden könnte zur Gesamtdokumentation der Elektroinstallation zusätzlich eine tabellarische Auflistung mit den in **Tabelle 6.4** angeführten Angaben geliefert werden.

Normen zur EMV-Dokumentation:

DIN VDE 0100-510, Abschnitt 512.1.5

Anmerkung: In Deutschland besteht nach dem Gesetz über die elektromagnetische Verträglichkeit von Betriebsmitteln (EMV):2008:02-26, § 12, die Anforderung, dass der Betreiber einer ortsfesten Anlage für Kontrollen der Bundesnetzagentur die notwendige Dokumentation zum Nachweis der Einhaltung der Anforderungen nach dem Gesetz über die elektromagnetische Verträglichkeit von Betriebsmitteln (EMVG) bereitzustellen hat.

Der Errichter der elektrischen Anlage sollte dem Betreiber die allgemein anerkannten Regeln der Technik dokumentieren, mit denen die grundlegenden Anforderungen des Gesetzes über die elektromagnetische Verträglichkeit von Betriebsmitteln (EMVG) sichergestellt werden.

In der Norm wird drauf hingewiesen, wer die Dokumentation zur Verfügung stellen sollte. Da der Planer/Errichter der Elektroinstallation bereits über die Dokumentation verfügt, sollte er diese dem Betreiber auch zur Verfügung stellen.

Im Abschnitt 514.5 „Schaltpläne und Dokumentation" wird auch auf die „EMV-Dokumentation" Bezug genommen.

Die Dokumentation der Elektroinstallation Nr. .... enthält folgende EMV-Dokumente:				
Themen	**Inhalte**	**Ordner**	**Lasche**	
Allgemeine Angaben	zum Projekt			
Berücksichtigte Normen: (beispielhaft)	DIN VDE 0100-444:2010-10 Errichten von Niederspannungsanlagen – Teil 4-444: Schutzmaßnahmen – Schutz bei Störspannungen und elektromagnetischen Störgrößen			
	DIN VDE 0100-540:2012-06 Errichten von Niederspannungsanlagen – Teil 5-54: Auswahl und Errichtung elektrischer Betriebsmittel – Erdungsanlagen und Schutzleiter			
	DIN EN 50174-2 (VDE 0800-174-2):2011-09 Informationstechnik – Installation von Kommunikationsverkabelung – Teil 2: Installationsplanung und Installationsprakti- ken in Gebäuden			
	DIN EN 50310 (VDE 0800-2-310):2011-05 Anwendung von Maßnahmen für Erdung und Potentialausgleich in Gebäuden mit Einrich- tungen der Informationstechnik			
	andere Normen, falls berücksichtigt			
Betriebsanleitungen	eingebaute elektrische Betriebsmittel, insbesondere die Herstellerangaben für den EMV-gerechten Einbau/Verwendung			
EMV-Maßnahmen bei der Errichtung der Elektroinstallation	Trennungsmaßnahmen bei der Verlegung von Leistungskabeln, -leitungen und Leitungen für die Kommunikation			
	Schirmungsmaßnahmen (einschließlich Maßnahmen zur Berücksichti- gung des Skineffekts)			
	Maßnahmen gegen Störströme (vagabundie- rende Ströme, Ableitströme)			
Örtliche Zusatzmaß- nahmen	Fundamenterder			
	Transformatorstation			
Hinweise	zum EMV-gerechten Betrieb			

Tabelle 6.4 Dokumente über EMV-Maßnahmen

DIN VDE 0100-510, Abschnitt 514.5

Anmerkung: Der Errichter der elektrischen Anlage sollte dem Betreiber die allgemein anerkannten Regeln der Technik dokumentieren, mit denen die grundlegenden Anforderungen des Gesetzes über die elektromagnetische Verträglichkeit von Betriebsmitteln (EMVG) sichergestellt werden.

Eventuell müssen noch weitere Normen berücksichtigt werden, z. B. die Normenreihe DIN EN 50174 (**VDE 0800-174**) [43–45], die besondere Anforderungen für die Elektroinstallation von nachrichtentechnischen Einrichtungen festlegt und DIN EN 50310 (**VDE 0800-2-310**) [46], die zusätzlich zur DIN VDE 0100-540 [41] weitere Erdungs- und Potentialausgleichsmaßnahmen festlegt. Auch VDE 0800-500 [42] enthält Anforderungen über die Dokumente der Verkabelung von Kommunikationsnetzen in Industrieanlagen.

Ob die EMV-Dokumentation dem Betreiber lediglich als Inhaltsverzeichnis oder als zusammengefasste Kopien aus Teilen der Anlagendokumentation geliefert wird, sollte im Auftrag/Vertrag geregelt werden.

Zusammenfassung

Die elektromagnetische Verträglichkeit in Elektroinstallationen kann durch Beachtung der grundsätzlich möglichen Maßnahmen erreicht werden. Dies sind:

- Potentialausgleich,
- Erdung,
- Schirmung,
- Trennung,
- Art der Erdverbindung.

Literatur

[1] DIN VDE 0100-557 (**VDE 0100-557**) Errichten von Niederspannungsanlagen – Teil 5: Auswahl und Errichtung elektrischer Betriebsmittel – Abschnitt 557: Hilfsstromkreise. Berlin · Offenbach: VDE VERLAG

[2] DIN EN ISO 13850:2008-09 Sicherheit von Maschinen – Not-Halt – Gestaltungsleitsätze. Beuth: Berlin

[3] DIN EN 60204-1 (**VDE 0113-1**):2007-06 Sicherheit von Maschinen – Elektrische Ausrüstung von Maschinen – Teil 1: Allgemeine Anforderungen. Berlin · Offenbach: VDE VERLAG

[4] *Lenzkes, D.*; *Kunze, H.-J.*: Elektrische Ausrüstung von Hebezeugen. VDE-Schriftenreihe 60. Berlin · Offenbach: VDE VERLAG, 2006. – ISBN 978-3-8007-2865-7, ISSN 0506-6719

[5] NTC Power Systems – Gleichstromversorgung für stationäre Batteriesysteme. NTC-Notstromtechnik-Clasen GmbH, Ahrensburg: www.ntc-gmbh.com

[6] DIN VDE 0100-100 (**VDE 0100-100**):2009-06 Errichten von Niederspannungsanlagen – Teil 1: Allgemeine Grundsätze, Bestimmungen allgemeiner Merkmale, Begriffe. Berlin · Offenbach: VDE VERLAG

[7] DIN VDE 0100-410 (**VDE 0100-410**):2007-06 Errichten von Niederspannungsanlagen – Teil 4-41: Schutzmaßnahmen – Schutz gegen elektrischen Schlag. Berlin · Offenbach: VDE VERLAG

[8] DIN EN 60947-1 (**VDE 0660-100**):2008-04 Niederspannungsschaltgeräte – Teil 1: Allgemeine Festlegungen. Berlin · Offenbach: VDE VERLAG

[9] *Spindler, U.*: Schutz bei Überlast und Kurzschluss in elektrischen Anlagen. VDE-Schriftenreihe 143. Berlin · Offenbach: VDE VERLAG. – ISBN 978-3-8007-3283-8, ISSN 0506-6719

[10] IEC 60449:1973-01 Voltage band for electrical installations of buildings. Genf/Schweiz: Bureau Central de la Commission Electrotechnique Internationale. – ISBN 2-8318-0265-2

[11] DIN EN 61558-2-2 (**VDE 0570-2-2**):2007-11 Sicherheit von Transformatoren, Netzgeräten, Dosseln und dergleichen – Teil 2-2: Besondere Anforderungen und Prüfungen an Steuertransformatoren und Netzgeräten, die Steuertransformatoren enthalten. Berlin · Offenbach: VDE VERLAG

[12] DIN EN 61558-1 (**VDE 0570-1**):2006-07 Sicherheit von Transformatoren, Netzgeräten, Dosseln und dergleichen – Teil 1: Allgemeine Anforderungen und Prüfungen. Berlin · Offenbach: VDE VERLAG

[13] DIN EN 61558-2-6 (**VDE 0570-2-6**):2010-04 Sicherheit von Transformatoren, Drosseln, Netzgeräten und dergleichen für Versorgungsspannungen bis 1 100 V – Teil 2-6: Besondere Anforderungen und Prüfungen an Sicherheitstransformatoren und Netzgeräte, die Sicherheitstransformatoren enthalten. Berlin · Offenbach: VDE VERLAG

[14] DIN EN 60947-4-1 (**VDE 0660-102**):2011-01 Niederspannungsgeräte – Teil 41-1: Schütze und Motorstarter – Elektromagnetische Schütze und Motorstarter. Berlin · Offenbach: VDE VERLAG

[15] DIN EN 61557-8 (**VDE 0413-8**): 2007-12 Elektrische Sicherheit in Niederspannungsanlagen bis AC 1 000 V und DC 1 500 V – Geräte zum Prüfen, Messen oder Überwachen von Schutzmaßnahmen – Teil 8: Isolationsüberwachungsgeräte für IT-Systeme. Berlin · Offenbach: VDE VERLAG

[16] DIN VDE 0100-710 (**VDE 0100-710**):2012-10 Errichten von Niederspannungsanlagen – Teil 7-710: Anforderungen für Betriebsstätten, Räume und Anlagen besonderer Art – Medizinisch genutzte Bereiche. Berlin · Offenbach: VDE VERLAG

[17] DIN EN 61557-9 (**VDE 0417-9**):2009-11 Elektrische Sicherheit in Niederspannungsanlagen bis AC 1 000 V und DC 1 500 V – Geräte zum Prüfen, Messen oder Überwachen von Schutzmaßnahmen – Teil 9: Einrichtungen zur Isolationsfehlersuche in IT-Systemen. Berlin · Offenbach: VDE VERLAG

[18] DIN VDE 0100-430 (**VDE 0100-430**):2010-10 Errichten von Niederspannungsanlagen – Teil 4-43: Schutzmaßnahmen – Schutz bei Überstrom. Berlin · Offenbach: VDE VERLAG

[19] *N. N.*: Grundlagen der Niederspannungs-Schalttechnik, München: Siemens AG, 2008. – Online-Medium im Internet unter www.siemens.de/lowvoltage/grundlagen

[20] *Schmelcher, T.*: Handbuch der Niederspannung. Berlin · München: Siemens AG, 1982. – ISBN 3-8009-1358-5

[21] *N. N.*: Schaltungsbuch 2011. Bonn: Eaton Industries, 2011. – Artikel-Nr.: 165290

[22] DIN EN 60445 (**VDE 0197**):2011-10 Grund- und Sicherheitsregeln für die Mensch-Maschine-Schnittstelle – Kennzeichnung von Anschlüssen elektrischer Betriebsmittel, angeschlossenen Leiterenden und Leiter. Berlin · Offenbach: VDE VERLAG

[23] IEC 60417-DB Graphische Symbole für Betriebsmittel. Genf/Schweiz: Bureau Central de la Comission Electrotechnique Internationale (zu beziehen über www.iec-normen.de/shop/bildzeichen.php)

[24] DIN EN 60228 (**VDE 0295**):2005-09 Leiter für Kabel und isolierte Leitungen. Berlin · Offenbach: VDE VERLAG

[25] DIN VDE 0100-443 (**VDE 0100-443**):2007-06 Errichten von Niederspan-
      nungsanlagen – Teil 4-41: Schutzmaßnahmen – Schutz bei Überspannungen
      und elektromagnetischen Störgrößen – Abschnitt 443: Schutz bei Überspan-
      nungen infolge atmosphärischer Einflüsse oder von Schaltvorgängen. Ber-
      lin · Offenbach: VDE VERLAG

[26] DIN EN 61869-3 (**VDE 0414-9-3**):2012-05 Messwandler – Teil 3: Zusätzliche
      Anforderungen für induktive Spannungswandler. Berlin · Offenbach: VDE
      VERLAG

[27] *N. N.*: Auslegung und Ausführung von Strom- und Spannungswandlerkreisen.
      Erlangen: Interessengemeinschaft Energieverteilung IG EVU, 1992. –
      Dokument-Nr. IG EVU 013, Online-Dokument: https://www.igevu.de/
      1_documents/Schriften/13_wandlerkl.pdf

[28] DIN EN 61869-5 (**VDE 0414-9-3**):2012-05 Messwandler – Teil 5: Zusätzliche
      Anforderungen für kapazitive Spannungswandler. Berlin · Offenbach: VDE
      VERLAG

[29] DIN EN 61439-1 (**VDE 0660-600-1**):2012-06 Niederspannungs-Schaltgeräte-
      kombinationen – Teil 1: Allgemeine Festlegungen. Berlin · Offenbach: VDE
      VERLAG

[30] DIN ISO 60757:1986-07 Code zur Farbkennzeichnung. Beuth: Berlin

[31] **EMV-Gesetz (EMVG)**. Gesetz über die elektromagnetische Verträglichkeit
      von Geräten vom 18. September 1998. BGBl. I 50 (1998) Nr. 64 vom 29.9.1998,
      S. 2 882–2 892 – Neufassung als Gesetz über die elektromagnetische Verträg-
      lichkeit von Betriebsmitteln vom 26. Februar 2008. BGBl. I 60 (2008) Nr. 6,
      S. 220–232. – ISSN 0341-1095

[32] **EMV-Richtlinie**. Richtlinie 2004/108/EG des Europäischen Parlaments und
      des Rates vom 15. Dezember 2004 zur Angleichung der Rechtsvorschriften der
      Mitgliedstaaten über die elektromagnetische Verträglichkeit und zur Aufhe-
      bung der Richtlinie 89/336/EWG. Amtsblatt der Europäischen Union 47 (2004)
      Nr. L 304 vom 31.12.2004, S. 24–37. – ISSN 1725-2539 (Umsetzung in deut-
      sches Recht siehe [31])

[33] **Niederspannungsrichtlinie**. Richtlinie 2006/95/EG des Europäischen Parla-
      ments und des Rates vom 12. Dezember 2006 zur Angleichung der Rechts-
      vorschriften der Mitgliedstaaten betreffend elektrische Betriebsmittel zur Ver-
      wendung innerhalb bestimmter Spannungsgrenzen. Amtsblatt der Europäischen
      Union 49 (2006) Nr. L 374 vom 27.12.2006, S. 10–19. – ISSN 1725-2539 (Um-
      setzung in deutsches Recht siehe [34])

[34] **Erste Verordnung zum Produktsicherheitsgesetz (1. ProdSV)**. Verordnung
      über die Bereitstellung elektrischer Betriebsmittel zur Verwendung innerhalb
      bestimmter Spannungsgrenzen auf dem Markt vom 11. Juni 1979. BGBl. I 31
      (1979) Nr. 27 vom 13.6.1979, S. 629–630 – ISSN 0341-1095

[35] **Maschinenrichtlinie**. Richtlinie 2006/42/EG des Europäischen Parlaments und des Rates vom 17. Mai 2006 über Maschinen und zur Änderung der Richtlinie 95/16/EG. Amtsblatt der Europäischen Union 49 (2006) Nr. L 157 vom 9.6.2006, S. 24–86. – ISSN 1725-2539 (Umsetzung in deutsches Recht siehe [36])

[36] **Maschinenverordnung (9. ProdSV)**. Neunte Verordnung zum Produktsicherheitsgesetz, Maschinenverordnung vom 12. Mai 1993. BGBl. I 45 (1993) Nr. 22 vom 19.5.1993, S. 704–707 – ISSN 0341-1095

[37] DIN VDE 0100-444 (**VDE 0100-444**):2010-10 Errichten von Niederspannungsanlagen – Teil 4-444: Schutzmaßnahmen – Schutz bei Störspannungen und elektromagnetischen Störgrößen. Berlin · Offenbach: VDE VERLAG

[38] DIN VDE 0100-510 (**VDE 0100-510**):2011-03 Errichten von Niederspannungsanlagen – Teil 5-51: Auswahl und Errichtung elektrischer Betriebsmittel – Allgemeine Bestimmungen. Berlin · Offenbach: VDE VERLAG

[39] DIN EN 61000-6-1 (**VDE 0839-6-1**):2007-10 Elektromagnetische Verträglichkeit (EMV) – Teil 6-1: Fachgrundnorm – Störfestigkeit für Wohnbereich, Geschäftsbereichs- und Gewerbebereiche sowie Kleinbetriebe. Berlin · Offenbach: VDE VERLAG

[40] DIN EN 61000-6-3 (**VDE 0839-6-3**):2011-09 Elektromagnetische Verträglichkeit (EMV) – Teil 6-1: Fachgrundnorm – Störaussendung für Wohnbereich, Geschäftsbereichs- und Gewerbebereiche sowie Kleinbetriebe. Berlin · Offenbach: VDE VERLAG

[41] DIN VDE 0100-540 (**VDE 0100-540**):2012-06 Errichten von Niederspannungsanlagen – Teil 5-54: Auswahl und Errichtung elektrischer Betriebsmittel – Erdungsanlagen und Schutzleiter. Berlin · Offenbach: VDE VERLAG

[42] DIN EN 61918 (**VDE 0800-500**):2009-01 Industrielle Kommunikationsnetze – Installation von Kommunikationsnetzen in Industrieanlagen. Berlin · Offenbach: VDE VERLAG

[43] DIN EN 50174-2 (**VDE 0800-174-1**):2009-09 Informationstechnik – Installation von Kommunikationsverkabelung – Teil 1: Installationsspezifikation und Qualitätssicherung. Berlin · Offenbach: VDE VERLAG

[44] DIN EN 50174-2 (**VDE 0800-174-2**):2009-09 Informationstechnik – Installation von Kommunikationsverkabelung – Teil 2: Installationsplanung und Installationspraktiken in Gebäuden. Berlin · Offenbach: VDE VERLAG

[45] DIN EN 50174-2 (**VDE 0800-174-3**):2004-09 Informationstechnik – Installation von Kommunikationsverkabelung – Teil 3: Installationsplanung und -praktiken im Freien. Berlin · Offenbach: VDE VERLAG

[46] DIN EN 50310 (**VDE 0800-2-310**):2011-03 Anwendung von Maßnahmen für Erdung und Potentialausgleich in Gebäuden mit Einrichtungen der Informationstechnik. Berlin · Offenbach: VDE VERLAG

Stichwortverzeichnis

Rudnik, Siegfried

VDE-Schriftenreihe Band 55
EMV-Fibel für Elektroniker, Elektroinstallateure und Planer
Maßnahmen zur elektromagnetischen Verträglichkeit nach DIN VDE 0100-444:2010-10

2., komplett überarb. Aufl. 2011, 93 Seiten
ISBN 978-3-8007-3368-2
22,– €

Spindler, Ulrich

VDE-Schriftenreihe Band 143
Schutz bei Überlast und Kurzschluss in elektrischen Anlagen
Erläuterungen zur neuen DIN VDE 0100-430:2010-10 und DIN VDE 0298-4:2003-08

3. Auflage 2010, 232 Seiten
ISBN 978-3-8007-3283-8
27,– €

Jetzt gleich hier bestellen: www.vde-verlag.de/130713

VDE VERLAG GMBH
Bismarckstr. 33 · 10625 Berlin
www.vde-verlag.de   Tel.: (030) 34 80 01-222 · Fax: (030) 34 80 01-9088
kundenservice@vde-verlag.de